JN223601

新訂

現場に役立つ！
ラベル・SDSの読み方・活かし方

ラベル・SDS から、
危険や有害性を読みとる
ポイント！

最新の
JIS Z 7252、7253
に対応！

中央労働災害防止協会

は じ め に

　私たちの社会生活には、多くの化学物質が、その有用性によりさまざまな分野で用いられています。労働現場においても、製造業のみならず建設業、運輸業、サービス業にいたるまで、多くの化学物質がそれぞれの用途、目的に応じ使用されています。これらの化学物質は、おのおの固有の有用性がありますが、必ず一定の危険性や有害性も有しています。したがって、適切な取扱いをしなければ、急性中毒やがんなどの重篤な健康障害、爆発・火災などの重大な事故の原因ともなり得るのです。

　企業経営を行う上で、労働災害、公害、爆発・火災事故、化学品による事故などを起こすと、社会的なイメージの低下や民事・刑事上の責任の発生など、極めて大きな債務を抱え、社会的信用も逸失することはいうまでありません。

　「化学品の分類および表示に関する世界調和システム」（GHS）という世界的なシステムが構築され、わが国の労働安全衛生法だけでなく、多くの国で化学物質管理に関する法令や規格に取り入れられています。わが国では平成 24 年 4 月施行の改正労働安全衛生法令から、全ての化学製品について容器等への表示と SDS の提供が求められました。そこで、それら情報を製造・輸入を行う川上側から川中、ユーザー側である川下側へスムーズに伝達し、その情報を利用する方が容易に理解できるよう、共通の仕組みである GHS 分類方法、危険有害性情報の伝達方法が標準化（JIS 化）されてきました。

　本書は、GHS に基づく表示、SDS の理解とそれら情報の現場での活用に役立てていただこうと発行するものです。JIS Z 7252,7253 の最新の改正にも対応しています。

　本書の主な狙いは、化学製品を取り扱う現場の方々がその危険有害性を理解し、適切に使用するためのラベル、SDS の読み方、活用方法のポイントを知っていただくことです。多くの企業におかれまして、化学物質のリスクアセスメントの実施のもと、ばく露防止措置、火災事故の予防措置への検討、リスク管理の一助としていただければ幸いです。

令和元年 9 月

中央労働災害防止協会

【監修・執筆】
中央労働災害防止協会　労働衛生調査分析センター

目 次

新訂　現場に役立つ！
ラベル・SDS の読み方、活かし方

本書の効果的な活用のために

本書の利用に当たって、各章の構成、概要とポイントを以下に示す。

作業場で化学品を取り扱う方は、最小限第 3 章「ラベルの読み方」、第 4 章「SDS の読み方」を読むことで、化学品を取り扱う際、順守すべき法令、注意事項、爆発・火災防止、健康障害防止への対応すべきポイントが分かるような記述に努めた。

しかしながら、SDS を読むためには一定の基礎知識が不可欠であり、化学品を取り扱う前に安全衛生教育を受けることを忘れてはならない。

なお、本書では理解しやすさを重視して厳密性にこだわらず記載しているため、説明に関して不正確、不十分な点があることについて、専門家の方々にはご斟酌、ご理解いただきたい。

・第 1 章　GHS とは

本章では、ラベル、SDS を作成するための国際的取決めである「化学品の分類および表示に関する世界調和システム（The Globally Harmonized System of Classification and Labelling of Chemicals)」（略称 GHS）の概要を記述している。

国連 GHS 文書は国際連合経済社会理事会の GHS 小委員会により 2 年ごとに文書の見直しがされ、2017 年で第 7 版まで発行されている。わが国のラベル、SDS は原則、国連 GHS 文書に基づいて作成されており、国内用に JIS Z 7252, JIS Z 7253 として標準化されている。したがって、GHS と JIS Z 7252, JIS Z 7253 の概要、および、それらの違い等を理解しておくことは、ラベル、SDS を国内で活用する場合だけでなく、海外で使う際におおいに参考となる。

現在、世界では 1 億種類以上の化学物質が取り扱われており、年々増加傾向にある。一般的に広く使用されている化学物質を取り扱う上で、法規制があるものは法を順守しなければならない。しかしながら、それだけでは、全ての物質について十分安全を確保しているとはいえない。法令順守とともに、責任ある自主的な取組みにより、化学物質の危険有害性を可能な限り調査、把握し、それらのリスクを許容できる範囲まで低減できているかを関係者間の合意によって確認しなければならな

い。

・第2章　わが国の GHS 導入と関係する国内法

　わが国には GHS に関する包括的な法制度は存在しないが、従前に制定されていた種々の法令の中に GHS が取り入れられている。先行した法規制にあっては GHS と一致しない部分もある。このことを理解しておかなければならない。本章では、昨今の商法改正や JIS 改正なども概説しており、これまでに所有している SDS の見直しなどに利用することができる。

・第3章　ラベルの読み方

　化学品を取得し、取り扱う場合、危険有害性が明確で一定のリスクが伴うものには、包装、容器等にラベルを貼付することが法規制により、義務化あるいは努力義務化されている。このことから、取扱者が最初に目にするのが化学品の危険有害性等を示したラベルである。ラベルには取扱者に注意喚起するように絵表示等が記載されている。そのため、絵表示等の意味を教育しておくことで、一目で危険等に関する感度に働きかける。また注意を促すことができ、労働安全衛生活動の基本である危険予知（KY）、指差し呼称、4S（整理、整頓、清掃、清潔）等にも活かすことができる。ラベルを見れば何をすべきか判断できるように、日ごろから訓練しておくべきである。

・第4章　SDS の読み方

　SDS には化学品の危険有害性の詳細な情報が記載されている。自らの取扱い方法等と照らし合わせ、リスクアセスメントを実施し、リスク低減措置を検討、実施し、許容できるリスクレベル以下にできるように十分な対策を講じなければならない。健康障害防止、爆発・火災防止のための措置として何をすべきかを、SDS の各項目の意味と注意点からどのように正しく読みとっていくか、注意深く理解しておくべきである。なお、その際、必要に応じて専門的知識が必要となる場合があり、専門家等の協力も仰ぐべきである。また、SDS のみの情報だけでは個別の使用状況に対応していないため、状況に応じてより多くの情報の収集を心がけるべきである。

・第5章　関係法令等

ラベル、SDS に関連する法令や通達などをまとめて示した。

・第6章　現場で役立つツール

　化学品に関する適正な防護対策を実施するに当たって参考となる資料を示した。

　このように GHS に基づき、化学物質の危険有害性は国際的に統一した方法で分類、ランク分けされている。したがって、国が変わってもそれらの性質は大きく変わらない。また、取扱い上の注意点、リスク低減対策も共通することが多い。危険有害性の情報を、化学品を製造する川上から使用する川下の取扱者まで、円滑かつ適切に伝達するためにラベル、SDS があり、化学品の身元証明であり、取扱説明書と考えるべきである。危険有害性が何も分からないものを取り扱うこと、あるいはそれらの性質を知ろうとしないで取り扱うことこそが最もリスクが高いのである。

GHS とは

ラベル・SDS を作成するのに必要な取決めである「GHS」の概
要について解説する。

□ GHS の目的と対象者、特徴、使用すべき標準シンボル、絵表
　示に関するルールについて

□ GHS で標準化されている情報（ラベル要素や SDS の最少情
　報など）について

□国内で標準化されている JIS Z 7252、JIS Z 7253 の概要
　と GHS との関係について

1.1 GHS とは

　化学物質には危険性や有害性があり、それらに起因する健康障害や爆発・火災を防止するためには、その性質を理解した上で、適切に取り扱わなければならない。世界を見渡すと、ラベル表示や安全データシート（SDS）により化学物質の危険有害性（ハザード）や取扱上の注意事項等の情報を、取り扱う人たちに伝える手段や法的規制をほとんど定めていないケースがある。あるいは、化学物質の危険有害性を伝達する手段、制度等がある場合でも、その内容はさまざまであり相違点も少なくない。全世界で化学品が流通している現状で、国によって化学物質の性質を示す情報が異なっていては、化学品を安全に製造、使用、輸送、廃棄処理することは困難である。

　この問題を解決するため、国際的に調和された化学品の分類および表示方法が必要とされ、国際的なゆるやかな取決めとして「化学品の分類および表示に関する世界調和システム（The Globally Harmonized System of Classification and Labelling of Chemicals）」（以下「GHS」）がとりまとめられたのである。

1.1.1　GHS の趣意

　国連 GHS 文書には、その趣意として、以下の内容が記載されている。

　同一化学品に対するラベル、SDS が国ごとに異なっており、危険有害性の定義がさまざまなために、ある化学品がある国では引火性物質で、他の国では違うことがあり、ある国では発がん物質とみなされても、他の国ではそうでないことがある。化学品の国際貿易が広く行われており、安全な使用、輸送、廃棄を確実に行うための各国の計画策定の必要性を考えると、国際的に調和された分類および表示方法がその基礎となる。

1.2 GHS の目的と対象者

1.2.1　目的

　GHS の目的として、以下の内容が記載されている。化学品は、生活を向上、改善するため、全世界で広く利用されている。しかし、化学品は利便性だけでなく、

人や環境に対して悪影響をもたらすリスクがある。利用されている化学品は膨大であり、その全てに関し個々に規制することは不可能である。そのため、国際的に統一した化学品の情報提供をするために GHS を定めた。それにより、利用者は個々の化学品の危険有害性を知ることができ、その使用状況などに応じた適正な防護対策を実施することができる。

1.2.2　対象者

国連 GHS 文書では、化学品の情報提供対象として以下の内容の記載がされている。

事業主と作業者は、作業場で使用、取り扱う化学品に関し、それらの特有の危険有害性とその悪影響を避けるために必要な防護対策に関する情報を知っている必要がある。化学品の貯蔵に関しては、潜在的な危険有害性は化学品の貯蔵、容器（包装）等により最小限に抑えられている。しかし、事故が起きた場合、作業者と緊急時対応者が災害を最小化するためには適切な方法を知る必要がある。

さらに、化学品の輸送中、貯蔵施設、作業場の事故対応には、緊急時の早急な対応や退避の判断などが求められ、より広範囲な情報が必要となる。また、医療従事者にはその使用目的が異なっていることから、医療的措置など消防士とは異なる情報が必要となる。

なお、化学品を利用する消費者も対象であるが、本書では割愛する。

1.3　GHS の特徴

1.3.1　各国の対応状況

各国の GHS の対応状況については、国際連合欧州経済委員会（UNECE）の調査によれば、2018 年の段階で 72 カ国が GHS を導入している。国のリストは以下に示すサイトに示されている。

国際連合欧州経済委員会：

https://www.unece.org/trans/danger/publi/ghs/implementation_e.html

1.3.2　選択可能方式

国連 GHS 文書に示された危険有害性区分は、"選択可能方式"（Building block approach）により、各国がそれぞれの国のシステムにどの部分を取り入れるかは

自由に選択することができるとされている。GHS 分類および表示方法の各国での取り入れ方は、それぞれの裁量に任されており、化学品の分類区分は国ごとに若干の相違がみられる。わが国における JIS に関しても、国連のシステムとは数カ所で異なっていることに留意すべきである。

　各国の化学品分類と JIS の比較表は以下のサイトから見ることができる（編注：(JIS Z 7252 : 2014) での比較表です）。

化学物質国際対応ネットワーク：

　http://chemical-net.env.go.jp/jis.html

参考に、国連 GHS 文書での選択可能方式の解釈ガイダンスを示す。

　(a)　危険有害性クラスは選択可能：

　　国際的な協約と同様に、完全に調和することを念頭に、所管官庁はそれぞれの法規のなかで、どの危険有害性クラスを適用するかを決めることができる

　(b)　ある危険有害性クラスのなかで、それぞれの区分は選択可能としてもよい：

　　ある危険有害性クラスに対して、所管官庁が必ずしも全ての区分を適用しないこともあろう。

　　　　　　　　　　　　　　　　　　　　　　　　　　　　　　　（GHS 改訂 7 版より）

　ただし、「一貫性を維持するためにはいくつかの制限が必要である」としており、おおまかには、危険有害性の分類基準は変えるべきではなく、有害性の低い区分を不採用とすること、発がん性区分 1 を細区分化し、区分 1A, 1B に分けることなどは可能ということである。なお、JIS Z 7252 では皮膚刺激性区分 3 などごく一部の低い有害性区分は採用していない。

ワンポイントレッスン

・GHS 分類って何？

　GHS 分類とは、化学物質の危険有害性について、世界的に統一された一定の基準に従って分類し、絵表示等を用いて分かりやすく表示するものです。その結果をラベルや SDS (Safety Data Sheet：安全データシート) に活用し、爆発、火災などの災害防止や人の健康障害防止、環境保護に役立てます。

ワンポイントレッスン

・化学物質の危険有害性とは何？

　化学物質の「危険性」とは、不適切な取扱いをした場合、火災や爆発を引き起こす性質です。わが国では、保安 4 法と呼ばれる消防法、労働安全衛生法、高圧ガス保安法、石油コン

ビナート等災害防止法により、危険性を有するほとんどの物質は設備や取扱い方法等について規制されています。例えば、消防法により火災の予防、警戒、災害発生時の被害軽減などの点から、危険物施設については必要な規制が課されています。火花などの着火源による火の着きやすさである「引火性」は、この危険性のひとつです。

　一方、「有害性」とは、化学物質に接触する、蒸気を吸い込む、誤って直接飲み込むなどにより、皮膚に炎症を起こす、眼に重篤な炎症を起こす、慢性中毒や重篤な疾病であるがんを発症させるなどの性質です。接触や吸入などにより化学物質を体の中に取り込むことで、急激に健康に害を及ぼす「急性毒性」と、アスベストのようにばく露後、10年以上経過してから重篤な疾患を起こす「慢性毒性」などがあります。全ての化学物質は、許容量を超えるばく露により健康障害を引き起こすおそれがあります。

　この危険性と有害性をあわせて化学物質の「危険有害性」と言います。

1.4　絵表示（ピクトグラム）

1.4.1　シンボル

　以下に、GHS で使用すべき危険有害性を表す標準シンボルを示す（**表 1-1**）。健康有害性と感嘆符に使用されるシンボル（○で囲ったシンボル名）を除いては、危険物輸送に関する国連危険物輸送勧告・モデル規則（UN_RTDG）で使用される標

表 1-1：GHS で使用すべき危険有害性を表す標準シンボル

炎	円上の炎	爆弾の爆発
腐食性	ガスボンベ	どくろ
（感嘆符）	環境	（健康有害性）

出典：GHS 改訂 7 版をもとに作成

○印は編注

9

準シンボルがそのまま採用されている。

シンボルに対して、絵表示（ピクトグラム）とは、ある情報を伝達することを意図した、シンボルと境界線、背景のパターンまたは色などの図的要素から構成されるものを指し、一目で危険有害性のおおまかな性質が容易に認知されることを意図している。

以下にその絵表示と分類区分を示す（**表1-2**）。

表 1-2：絵表示（ピクトグラム）と分類区分

【炎】	可燃性ガス 引火性液体 可燃性固体 自己反応性化学品	【円上の炎】	酸化性ガス 酸化性液体・固体	【爆弾の爆発】	爆発物 自己反応性化学品 有機過酸化物
【腐食性】	金属腐食性化学品 皮膚腐食性 眼に対する重大な損傷性	【ガスボンベ】	高圧ガス	【どくろ】	毒性 （区分1〜3）
【感嘆符】	急性毒性　（区分4） 皮膚刺激性（区分2） 眼刺激性（区分2A） 皮膚感作性（区分1） 特定標的臓器毒性 （単月） （区分3）	【環境】	水生環境有害性	【健康有害性】	呼吸器感作性 生殖細胞変異原性 発がん性 生殖毒性 特定標的臓器毒性 （区分1、2） 誤えん有害性（区分1）

出典：JIS Z 7253：2019 表2をもとに作成

ワンポイントレッスン

・絵表示、標章、絵文字、ピクトグラムの違いは？

危険有害性を表すマークとして、絵表示があります。

これは、同じもの、同じ趣旨であるにもかかわらず、法令や出典により、下記のように呼び方（用語）が異なっています。

本書では、「化学物質等の危険性又は有害性等の表示又は通知等の促進に関する指針」（平成24年厚生労働省告示第133号）等でも用いられている「絵表示」と表記しています。

労働安全衛生法令：標章
毒劇法：絵表示
消防法：絵文字
国連GHS文書第7版：絵文字
JIS　Z　7252, 7253：絵文字
UN_RTDG：ピクトグラム

1.4.2 UN_RTDG の絵表示／ GHS の絵表示

UN_RTDG で使用される標準絵表示を以下に示す（**図 1-1**）。これらは、国連GHS 文書がまとめられる以前から危険物輸送に関連して使用されており、GHS の絵表示とは異なっていることを知っておくべきである。

なお、水生環境有害性を示すラベルは、他の危険有害性区分が何もつかない場合で、急性毒性区分1に分類された化学品のみラベルを表示することになっているので、以下の絵表示から除かれている。

1.4.3 絵表示の優先順位

危険有害性に関する絵表示には優先順位がある。国連 GHS 文書には、その優先順位が記載されている。

図 1-1：UN_RTDG モデル規則の標準絵表示

出典：国連危険物輸送勧告・モデル規則

これは、ひとつの化学製品に複数の類似した危険有害性がある場合、表示を簡素化するため、絵表示の優先順位を定め、優先順位の高い絵表示のみを使用する決まりになっていることを指す。そのまとめを以下に示す。

物質または混合物が複数の GHS 危険有害性を示す場合には以下のように取り扱う。（略）

●シンボルの割当てに関する優先順位

危険物輸送に関する国連勧告・モデル規則が適用される物質および混合物につい

ては、物理化学的危険性のシンボルの優先順位は国連モデル規則に従うべきである。

（略）

健康に対する有害性については、次の優先順位の原則が適用される。

(a) どくろを適用する場合、感嘆符を使用するべきでない。

(b) 腐食性シンボルを適用する場合、皮膚または眼刺激性を表す感嘆符を使用するべきではない。

(c) 呼吸器感作性に関する健康有害性シンボルを使用する場合、皮膚感作性または皮膚／眼刺激性を表す感嘆符を使用するべきではない。

（略）

（GHS改訂7版より）

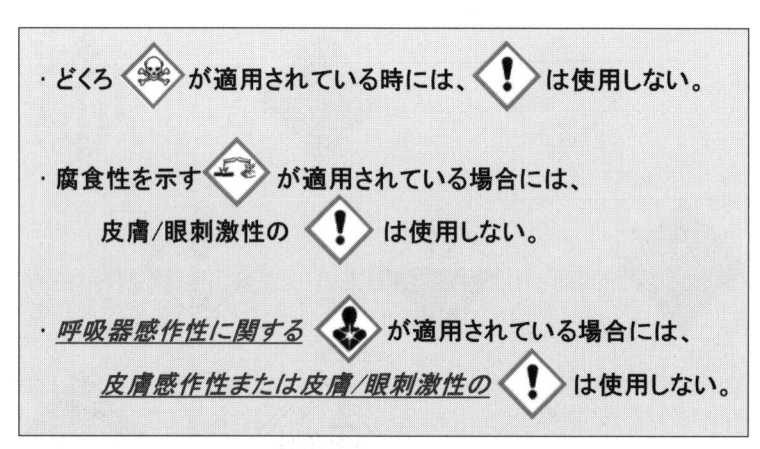

図 1-2：ヒトに対する危険有害性

　さらに、以下の内容が記載されており、危険有害性の情報が簡潔に示されるようになっている。

●注意喚起語[1]の割当てに関する優先順位

　注意喚起語「危険」を適用する場合、注意喚起語「警告」を使用しない。

●危険有害性情報の割当てに関する優先順位

　ラベルには、優先順位のルールで定められた方法を除き、割り当てられた全ての危険有害性情報を記載する。

※1：直ちに注意を喚起するための用語で「危険」と「警告」の2つがある。

・急性毒性ほかと慢性毒性の違いは何？

　GHS 分類のうち、急性毒性ほか（皮膚腐食性／刺激性、眼に対する重篤な損傷性／眼刺激性、呼吸器感作性または皮膚感作性）などは、吸入、経口、経皮からの接触、ばく露により、おおよそ短い期間で健康に障害を及ぼします。毒物のように強い毒性は生命に関わります。これらは、ばく露、接触などにより、すぐに健康に悪影響を及ぼすため、ばく露や接触がないように、十分注意して取り扱わなければなりません。化学物質の物理的危険性も同様で、取扱いを誤ると短時間で爆発・火災が起こります。こうした短時間で悪影響が出るリスクがあることから、急性毒性等は、化学物質の危険性と同様に、ほんの少しの過ちもないように厳重な取扱いが求められます。

　一方で、生殖細胞変異原性、発がん性、生殖毒性、特定標的臓器毒性（反復ばく露）は、広くは慢性毒性に属し、数ヵ月、あるいは数年から 10 年以上経過してから、がんなどの重篤な健康障害を引き起こすリスクがあります。また、子や孫に遺伝的異常を引き起こす場合もあります。慢性毒性はすぐに症状が出ない、あるいは本人には影響が出ないなどから、ついつい慎重な取扱いを怠りがちです。後々重大な健康障害が起きないようにするため、できる限りばく露を少なくするよう注意が必要です。

・絵表示から何が分かるの？　化学物質を取り扱う際、何に気を付ければいいの？

　絵表示は、取扱い者に一目で危険有害性への気付きを促す絵による表示です。それらの絵の意味を以下に示します。日頃より、絵表示から大まかな危険有害性と注意すべき点を呼び起こせるようにしましょう。

GHS ラベルの絵表示の意味

	絵表示	具体的な危険性・有害性	注意事項
危険性		爆発物：火災、爆風または飛散危険性 熱すると火災または爆発のおそれ	熱、高温のもの、火花、裸火および他の着火源から遠ざけること。禁煙。 保護手袋／保護衣／保護眼鏡／保護面を着用すること。
		可燃性／引火性の高いガス・エアゾール 引火性の高い液体および蒸気 可燃性固体 熱すると火災または爆発のおそれ 空気に触れると自然発火 水に触れると可燃性／引火性ガスを発生	規則にしたがって保管すること。（爆発物） 換気のよい場所で保管すること。 火災の場合：区域より退避させ、爆発の危険性があるため、離れた距離から消火すること。（爆発物）
		発火または爆発のおそれ 火災助長のおそれ	内容物／容器を法令にしたがって廃棄すること。
		高圧ガス：熱すると爆発のおそれ 深冷液化ガスの場合：凍傷または傷害のおそれ	日光から遮断し、換気のよい場所で保管すること。耐寒手袋および保護面または保護眼鏡を着用すること。

健康有害性		金属腐食のおそれ	他の容器に移し替えないこと。
		重篤な皮膚の薬傷 重篤な眼の損傷	粉じんまたはミストを吸入しないこと。 皮膚、眼に付けないこと。 取り扱い後はからだをよく洗うこと。 保護衣、保護手袋、保護眼鏡を着用すること。
		飲み込む、吸入するまたは皮膚に接触すると生命に危険あるいは有毒	蒸気／粉じん／ガス／ミストを吸入しないこと。 口にいれたり、皮膚に付けないこと。 屋外または換気のよいところでのみ使用すること。 防じん・防毒マスク、保護衣、保護手袋を着用すること。 施錠して保管すること。
		遺伝子の損傷（遺伝性疾患）のおそれ 発がんのおそれ 生殖能または胎児への悪影響のおそれ 吸入するとアレルギー、喘息、呼吸困難を引き起こすおそれ 臓器への傷害のおそれ 誤嚥性肺炎のおそれ	皮膚に付けたり、蒸気／ガス／粉じんを吸い込まないこと。 防じん・防毒マスク／保護手袋／保護衣／保護眼鏡を着用すること。 換気すること。 異常が見られた場合あるいはばく露の懸念がある場合、医師の診察を受けること。
		飲み込む、吸入するまたは皮膚に接触すると有害 強い眼への刺激、皮膚刺激 アレルギー性皮膚反応を起こすおそれ 呼吸器への刺激または眠気やめまいのおそれ	粉じんまたはミストの吸入を避けること。 気分が悪い時は医師に連絡すること。 保護具を着用すること。
環境有害性		オゾン層を破壊し、健康および環境に有害	回収またはリサイクルに関する情報について製造者または供給者に問い合わせること。
		水生生物に非常に強い毒性 （短期・長期）	環境への放出を避けること。 内容物／容器を法令にしたがって廃棄すること。

出典：厚生労働省

1.5　GHS ラベル

1.5.1　情報の標準化

　国連 GHS 文書には、ラベルに記載する情報の標準化について、できるだけ多くの国にシステムを導入させるため、企業が順守しやすく、また国が実行しやすいように、国内の関係制度の大部分を標準化した手順に基づいたものにしたと記載されている。

　標準化は、特定のラベル要素（シンボル、注意喚起語、危険有害性情報、注意書き）およびラベルの書式と色、そして SDS の書式に適用されている。

　このことから、わが国の JIS Z 7253 では、危険有害性の区分に対して、ラベル要素である絵表示、注意喚起語、危険有害性情報、注意書き、およびそれらの書式、色が標準化されている。

　以下に、ラベル要素の標準化例（引火性液体と急性毒性（経口）の例）を示す（**表 1-3.4**）。危険有害性区分に応じて、絵表示、注意喚起語、危険有害性情報、注意書きが標準化されていることが分かる。

表 1-3：引火性液体のラベル要素

（P コードについては JIS Z 7253：2019 の附属資料 C の一覧を参照）

危険有害性区分		危険有害性情報の伝達要素	
区分 1	絵表示		
	注意喚起語	危険	
	危険有害性情報（コード）	極めて引火性の高い液体及び蒸気（H224）	
	注意書き	該当する文言は，次のコードを参照する。	
		安全対策	・P210，P233，P240，P241，P242，P243，P280
		応急処置	・P303 + P361 + P353，P370 + P378
		保管	・P403 + P235
		廃棄	・P501
区分 2	絵表示		
	注意喚起語	危険	
	危険有害性情報（コード）	引火性の高い液体及び蒸気（H225）	
	注意書き	該当する文言は，次のコードを参照する。	
		安全対策	・P210，P233，P240，P241，P242，P243，P280
		応急処置	・P303 + P361 + P353，P370 + P378
		保管	・P403 + P235
		廃棄	・P501
区分 3	絵表示		
	注意喚起語	警告	
	危険有害性情報（コード）	引火性液体及び蒸気（H226）	
	注意書き	該当する文言は，次のコードを参照する。	
		安全対策	・P210，P233，P240，P241，P242，P243，P280
		応急処置	・P303 + P361 + P353，P370 + P378
		保管	・P403 + P235
		廃棄	・P501
区分 4	絵表示	絵表示なし	
	注意喚起語	警告	
	危険有害性情報（コード）	可燃性液体（H227）	
	注意書き	該当する文言は，次のコードを参照する。	
		安全対策	・P210，P280

		応急処置	・P370 + P378
		保管	・P403
		廃棄	・P501

出典：JIS Z 7253：2019 A.6

表 1-4：急性毒性（経口）のラベル要素

（P コードについては JIS Z 7253：2019 の附属資料 C の一覧を参照）

危険有害性区分	危険有害性情報の伝達要素		
区分 1	絵表示		
	注意喚起語	危険	
	危険有害性情報（コード）	飲み込むと生命に危険（H300）	
	注意書き	該当する文言は，次のコードを参照する。	
		安全対策	・P264，P270
		応急処置	・P301+P310，P321，P330
		保管	・P405
		廃棄	・P501
区分 2	絵表示		
	注意喚起語	危険	
	危険有害性情報（コード）	飲み込むと生命に危険（H300）	
	注意書き	該当する文言は，次のコードを参照する。	
		安全対策	・P264，P270
		応急処置	・P301 + P310，P321，P330
		保管	・P405
		廃棄	・P501
区分 3	絵表示		
	注意喚起語	危険	
	危険有害性情報（コード）	飲み込むと有毒（H301）	
	注意書き	該当する文言は，次のコードを参照する。	
		安全対策	・P264，P270
		応急処置	・P301 + P310，P321，P330
		保管	・P405
		廃棄	・P501

区分4	絵表示		
	注意喚起語	警告	
	危険有害性情報（コード）	飲み込むと有害（H302）	
	注意書き	該当する文言は，次のコードを参照する。	
		安全対策	・P264，P270
		応急処置	・P301＋P312，P330
		廃棄	・P501

出典：JIS Z 7253：2019 表 A.18

また、JIS Z 7253 では、ラベルの情報伝達方法について、以下のとおり標準化している。

供給者は、産業用又は業務用に製造された化学品を供給するときは、容器又は包装に箇条6に規定するラベル要素などを印刷するか、又はラベル要素などを印刷したラベルを貼付する。

ただし、小さな容器等容器又は包装にラベル要素などの全てを印刷することが困難な場合、又はラベル要素などの全てを印刷したラベルを貼付することが困難な場合は、国内法令によって容器又は包装に印刷もしくは印刷したラベルを貼付することが求められる事項以外のラベル要素などについては、これらを印刷したタグを容器又は包装に結び付ける等によって表示してもよい。

（略）　具体的な内容は、次のとおり。

- 危険有害性を表す絵表示
- 注意喚起語
- 危険有害性情報
- 注意書き
- 化学品の名称
- 供給者を特定する情報
- その他国内法令によって表示が求められる事項

（JIS Z 7253 より）

原則として容器、包装には、ラベル要素などを印刷するか、ラベル要素を印刷した帳票を貼付しなければならない。ただし，小さな容器等、容器または包装にラベル要素などのすべてを印刷することが困難な場合などは、国内法令によっていくつ

かの代替法が認められている。

　JIS Z 7253 に基づいたラベルの記載例を以下に示す（図 1-3）。

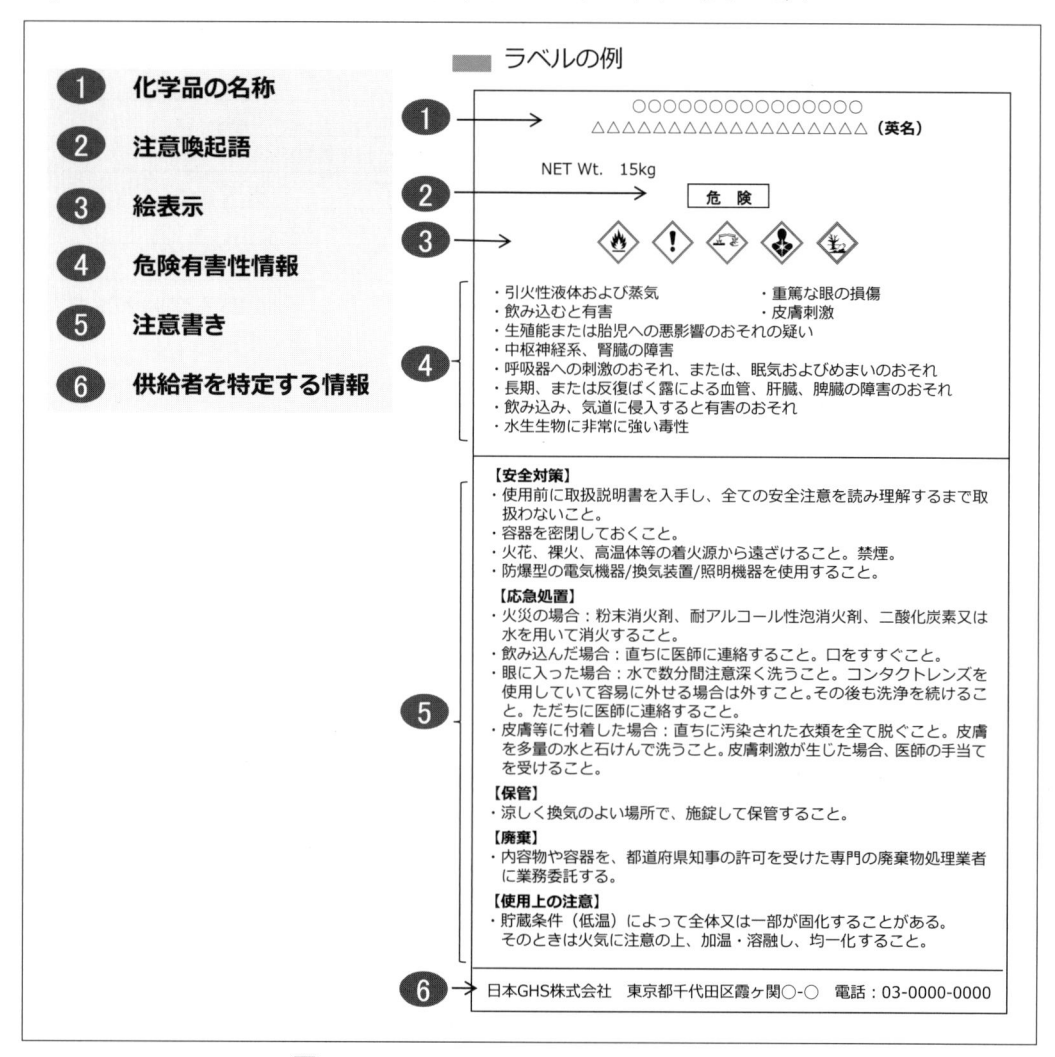

図 1-3：JIS Z 7253 に基づいたラベル例

出典：厚生労働省資料をもとに作成

　さらに、国連 GHS 文書には、ラベルについて、危険有害性シンボル、注意喚起語および危険有害性情報はすべて標準化され、各危険有害性区分に割り当てられており、標準化された要素は変更されるべきでないと記載されている。

　このことは、危険有害性区分に関して、危険有害性シンボル、注意喚起語、危険有害性情報は、すべて国際的に標準化されていることを示す。実際、GHS を導入しているラベルではこれらの要素がすべて統一されている。しかし、化学品等一つひとつについてみると、書式等は統一されているが、表示の項目、危険有害性区分

第1章

は必ずしも一致しないことがある。国によっては製品名、危険有害性シンボル、注意喚起語、連絡先程度の表示のみの場合もあるので注意が必要である。そうした国から、日本国内に化学品を輸入した場合は、わが国の JIS に適合したラベルに付け替える必要がある。

また、国連 GHS 文書には以下のとおり記載されている。

1.4.6.3 標準化されていない情報または補足情報の使用

調和されたシステム（編注：GHS のもとで各国でとられているシステムを指す）で標準化されていないラベルに記載される他の多くの要素がある。これらの一部は明らかに、注意書き等としてラベルに含める必要がある。追加情報は所管官庁が要求する場合もあるであろうし、また供給者が自主的に補足情報を加えることもできる。

（略）

補足情報の使用は次のような場合に限定するべきである。

(a)　補足情報はより詳細な情報を提供するものであり、標準化された危険有害性に関する情報の妥当性に矛盾したり、疑いを生じさせたりしないこと。または、

(b)　補足情報により、GHS にまだ取り入れられていない危険有害性に関する情報が提供されること。

いずれの場合でも、補足情報により保護されるレベルを低下させるべきではない。

1.4.6.3.2 表示を行う者は、物理的状態やばく露経路など、危険有害性に関する補足情報については、ラベル上の補足情報の部分に示すのではなく、危険有害性情報と共に示すべきである。（略）

（GHS 改訂 7 版より）

ワンポイントレッスン

・ラベルと SDS の違いって何？

　ラベルは、化学品の危険有害性を絵表示等による情報要素としてまとめたもので、化学品の容器、あるいはその梱包外部に貼付、印刷または添付されます。ラベルは、化学物質の有害性や取扱い上の注意等を簡潔に記載し、取扱い者が化学品をどのように取り扱うべきかの要点について必要な情報の提供を目的としています。取扱い者が最初に見る、危険有害性を示す化学品の名刺とも言えます。

　SDS は、化学品を安全に取り扱い、健康障害、事故の未然防止等に役立てることを目的に、他の事業者に譲渡・提供する際に、その危険有害性情報を伝達するための文書です。ラベルに比べてより詳細で多くの情報が記載されており、化学品の取扱説明書と言えます。

これは、各国の法規制や供給者の自主的な取組みにより情報を追加することを指す。例えば、粉体の物質について粉じん爆発の危険性を情報として追加する場合や、窒息、凍傷などのように化学品の全般的な危険有害性に結び付くその他の情報を追加する場合などがあることを示している。さらに、追記として取扱い上の注意書き等が示されているものもある。また、消防法、毒劇物取締法等では、法律に基づき日本独自の危険性の表示を義務付けている。

1.5.2　ラベル要素の配置

国連 GHS 文書には、UN_RTDG による包装に必要な情報として、UN_RTDG の絵表示をラベルに使用する場合、同じ危険有害性に関する GHS の絵表示を使用すべきでないとされている。また、危険物輸送に要求されない GHS 絵表示は、貨物輸送用コンテナ、道路車両または鉄道貨車／タンクに付けるべきでないと記載されている。

これは UN_RTDG の絵表示が優先されることを指している。もともとラベル表示に関しては、UN_RTDG 等が先行しており、危険物輸送に関し国際的に決められたルールが優先され、併記してはならないということである。

さらに国連 GHS 文書には、ラベルに必要な情報として以下の項目が記載されているが、JIS Z 7253 も基本的には同じである。

1.4.10.5.2 GHS ラベルに必要な情報

（a）　注意喚起語

注意喚起語とは、危険有害性の重大性の相対的レベルを示し、利用者に対して潜在的な危険有害性について警告するための語句を意味する。GHS で用いられる注意喚起語は、「危険（Danger）」と「警告（Warning）」である。「危険」は多くの場合より重大な危険有害性区分に用いられ（主として危険有害性の区分 1 と 2）、「警告」は多くの場合より重大性の低い区分に用いられる。（略）

（b）　危険有害性情報

（ⅰ）　危険有害性情報とは、各危険有害性クラスおよび区分に割り当てられた文言で、該当製品の危険有害性の性質と該当する場合はその程度を示すものである。（略）

（ⅱ）　危険有害性情報およびそれらを特定するコードは付属書 3 の第 1 節に記載されている。危険有害性情報のコードは参照するためのものである。コードは危険有害性情報の文言の一部ではないので、文言の代わりに用いることはできない。

(c) 注意書きおよび絵表示

　（i）　注意書きは、危険有害性をもつ製品へのばく露、または、その不適切な貯蔵や取扱いから生じる被害を防止し、または最小にするために取るべき推奨措置について記述した文言（または絵表示）を意味する。GHS ラベルは適切な注意書きを含むべきであるが、その選択は表示者または所管官庁が行う。（略）

　（ii）　注意書きおよびそれらを特定するコードは附属書3の第2節に記載されている。注意書きのコードは参照するためのものである。コードは注意書きの文言の一部ではないので、文言の代わりに用いることはできない。

(d) 製品特定名

　（i）　製品特定名は、GHS ラベルに使用されるべきであるが、これは SDS で使用した製品特定名と一致させるべきである。当該物質または混合物に危険物輸送の国連モデル規則（編注：UN_RTDG）が適応される場合は、包装品に国連品名も記載するべきである。

　（ii）　物質用のラベルは、物質の化学的特定名を含むべきである。混合物または合金であって、急性毒性、皮膚腐食性または眼に対する重篤な損傷性、生殖細胞変異原性、発がん性、生殖毒性、皮膚感作性または呼吸器感作性、あるいは特定標的臓器毒性（STOT）の有害性がラベルに示される場合、これらに関与するすべての成分または合金元素の物質の化学的特定名をラベルに示すべきである。また、所管官庁は、混合物または合金の上記以外の健康有害性に関与するすべての成分または合金元素についてもラベルに記すよう要求することができる。

　（iii）　物質または混合物が作業場での使用のためだけに供給される場合には、所管官庁は、物質の化学的特定名をラベルではなく SDS に記載する裁量を供給者に与えることができる。

　（iv）　営業秘密情報に関する所管官庁の規則は製品の特定名の規則よりも優先される。つまり、通常であれば成分がラベルに記載される場合でも、その成分が営業秘密情報に関する所管官庁の判断基準を満たす場合は、その特定名をラベルに記載しなくてもよい。

(e) 供給者の特定

　物質または混合物の製造業者、または供給者の名前、住所および電話番号をラベルに示すべきである。

（略）

（GHS 改訂7版より）

1.5.3　ラベルに関する特別な取決め

　国連 GHS 文書には、ラベルに関する特別な取決めが記載されている。所管官庁は、発がん性物質、生殖毒性および特定標的臓器毒性（反復ばく露）といった特定の危険有害性に関する情報について、ラベルおよび SDS、または SDS のみにより、情報伝達を行う場合があり、金属と合金が大量かつ散逸しない状態で供給されるときには、SDS だけで危険有害性に関する情報の伝達を行うことを許可することもあるとされている。

　これは発がん性物質、生殖毒性、特定標的臓器毒性（反復ばく露）については、SDS はあるがラベルによる情報提供がない場合があることを指す。

　しかしわが国では、有害性があり、管理濃度、許容濃度等の情報があるこれらの物質については、全てラベルの貼付が義務付けられており、同時に SDS の交付もしなければならない。

　なお、金属と合金が大量かつ散逸しない状態で供給されるときには、ラベルがないことが許されており、わが国では 2014（平成 26）年の労働安全衛生法令改正の

労働安全衛生法施行令及び労働安全衛生規則の改正の概要
（表示義務対象物の範囲の拡大等）

1. 改正の趣旨

労働政策審議会建議「今後の労働安全衛生対策について」（平成25年12月25日）を踏まえ、労働者が化学物質を取り扱うときに必要となる危険性・有害性や取扱上の注意事項が確実かつ分かりやすい形で伝わるよう、表示義務対象物の範囲を一定の危険性・有害性が明らかになっている物質（SDS（安全データシート）交付義務対象物質）まで拡大する。

2. 改正の概要

（1）表示義務対象物の範囲の拡大　※政令

労働安全衛生法第57条第1項に基づき、譲渡又は提供の際に名称等の表示が義務付けられる対象物（以下「表示対象物」という。）について、現行の104物質※から、労働安全衛生法施行令（以下「令」という。）別表第9に掲げる通知対象物（現行640物質）まで拡大する。
　※104物質は、現行の表示対象物（令第18条と令別表第3第1号に規定する物109）を、現行の通知対象物質の名称に対応させた場合の数。

（2）固形物の適用除外の創設　※政令、省令

○譲渡又は提供の過程（運搬や貯蔵）において固体以外の状態にならず、かつ粉状にならないもの※については、譲渡又は提供時に危険又は健康障害が生じるおそれのないものとして、表示義務の対象から除く。
　※次の①又は②で該当するもの
　　① イットリウム、インジウム、カドミウム、銀、クロム、コバルト、すず、タリウム、タングステン、タンタル、銅、鉛、ニッケル、白金、ハフニウム、フェロバナジウム、マンガン、モリブデン若しくはロジウムの単体
　　② 別表第9若しくは別表第3第1号から7までに掲げる物を含有する製剤その他のもの。ただし、危険性のある物又は皮膚腐食性のおそれのあるものは、引き続き、表示義務の対象とする。

（3）裾切り値の設定及び見直し　※省令

○GHS（化学品の分類および表示に関する世界調和システム）に基づく分類を踏まえ、新たに表示対象物となる物に係る裾切り値（当該物質の含有量がその値未満の場合、表示の対象としない）を設定する。
○併せて、既存の表示対象物及び通知対象物に係る裾切り値についても見直す。

 図 1-4：2014（平成 26）年の改正安衛法の概要

出典：厚生労働省

（カコミ編注）

際に、固形物の適用除外として、固体以外の状態にならず、かつ粉状にならないものについては、危険または健康障害が生じるおそれのないものとしてラベル表示の除外規定を定めている。

1.5.4　ラベルの作業場用の表示

国連 GHS 文書には、作業場用の表示について以下のとおり記載されている。

　GHS の対象となる製品には、作業場に供給される時点で GHS のラベルが付けられるが、そのラベルは、作業場においてもその供給された容器にずっと付けておくべきである。また、GHS のラベルあるいはラベル要素は作業場の容器にも使用されるべきである。所管官庁は同じ情報を作業者に伝える代替手段として、事業主が、異なる記述あるいは表示様式を用いることを許可することができる。ただし、このような様式は作業場において、より適切で、必要な情報が GHS ラベルと同様に有効に伝達される場合に限る。例えば、ラベル情報を個々の容器上に付すのではなく、作業区域内に表示することもできる。

　すべてのシステムにおいて、危険有害性に関する明確な情報の伝達が保証されるべきである。労働者には作業場で用いられる情報伝達の方法について理解できるような訓練をするべきである。代替手段の例としては、GHS シンボルおよびその他の予防対策を表した絵表示とともに製品の特定名を用いる、パイプや容器に含まれる化学品の識別を行うために SDS とともに複雑なシステムの工程にはフローチャートを用いる、配管および工程の設備に GHS のシンボル、色、注意喚起語を使った表示を行う、固定配管には恒久的な掲示を行う、バッチ式混合容器の表示にバッチ表示や配合表を用いる、危険有害性シンボルおよび製品の特定名を示す配管標識を用いる、などがある。

　（略）

（GHS 改訂 7 版より）

　このことから、ラベルは、作業場内でもその供給された容器にずっと付けておくべきである。また、GHS のラベルあるいはラベル要素は、作業場で使用するすべての容器にも使用されるべきである。

　なお、わが国では、ラベルの情報を作業者に伝える代替手段として、事業主が、ラベルそのままではなく異なる記述あるいは表示様式を用いることが許されている（JIS Z 7253）。ただし、このような様式は作業場でより適切に、必要な情報が GHS

ラベルと同様に有効に伝達される場合に限る。例えば、ラベル情報を個々の容器上に付すのではなく、作業区域内に表示することもできるとされている。

　JIS Z 7253 ではこの作業場内表示として、より具体的に以下の内容を記載している。

5.3　作業場内の表示による情報伝達方法

5.3.1　一般

　産業用又は業務用に製造された化学品の危険有害性に関する明確な情報の伝達が作業場内においても徹底しなければならない。また、作業場で用いられる化学品の危険有害性に関する情報の内容について、化学品を取り扱う者が理解できるよう周知されなければならない。　（略）

5.3.2　作業場の容器への表示

　受領者は、作業場に供給された容器に貼付されたラベルを作業場内でもそのまま貼付しておき、ラベルの情報を活用できるようにする。また、作業場に供給された容器以外の作業場内で使用する容器にもラベルの情報を活用できるようにする。

5.3.3　作業場内の表示の代替手段

　作業場の容器への表示は、通常 5.3.2 によって行うが、容器にラベルを貼付することが困難である場合は、容器に入っている化学品に関し、危険有害性等の知見のあるものについては、その化学品のラベル要素などをラベル以外の方法で化学品を取り扱う者に伝えることによって代替することができる。この場合、作業場において、より適切で必要な情報が容器へのラベル貼付と同様に化学品を取り扱う者に有効に伝達されるようにする。また、容器の取違えを防止するため、容器に化学品の名称（略称、記号、番号などで代替することができる。）を表示する。化学品の名称の表示は、タンク名、配管名などを周知した上で、当該タンク、配管などの内容物を示すフロー図、作業手順書又は作業指示書によって、化学品を取り扱う者に化学品の名称を伝えることを含む。

　容器にラベルを貼付することの代替手段の例を、次に示す。

－　作業場にラベルに記載された情報を掲示する。

－　作業場にラベルを一覧の形で備え付ける。この場合に、SDS を利用してもよい。

（JIS Z 7253 より）

> **ワンポイントレッスン**
>
> **危険有害性のない化学物質はないの？**
>
> 　危険有害性のまったくない物質はありません。人が排出する二酸化炭素でさえ、許容濃度以上にばく露されると健康障害を引き起こします。どのような物質も過剰に摂取したり、不適切に取り扱ったりすることで、健康障害や爆発・火災を引き起こすおそれがあります。危険有害性の有無を法規制の有無で判断してはいけません。必ず、SDSなどにより危険有害性を調べてから取り扱いましょう。

> **ワンポイントレッスン**
>
> **安全に取り扱っているか判断する方法はないの？**
>
> 　作業場で化学品を安全に取り扱っているかを判断するためにリスクアセスメントがあります。厚生労働省ではリスクアセスメント指針を公表しており、以下のサイトにはさまざまなリスクアセスメント支援ツールが公開されています。自らの取扱い状況に合わせ適切なツールを選択し、リスクアセスメントを実施することができます。その結果、リスクが許容できないと判断するならば、リスクを低減する対策を検討し実施に努めなければなりません。
>
> http://anzeninfo.mhlw.go.jp/user/anzen/kag/ankgc07.htm

1.6　SDS

1.6.1　SDSの役割

　国連GHS文書には、SDSについて、作業場の化学品管理規制の枠組みの中で使用するため、物質または混合物に関する包括的な情報を提供するべきであり、事業主と作業者の両者は、環境に対する危険有害性も含めた危険有害性に関する情報源として、また、安全対策に関する助言を得るため、SDSを使用するとされている。

　しかし、SDSは特定の作業場の個別の使用状況には対応していないことに注意が必要であり、事業主は個々の作業場の実態に適した訓練や設備の安全対策を講じることが求められる。

1.6.2　カットオフ値

　国連GHS文書には、カットオフ値／濃度限界として以下のとおり記載されている。SDSは、次表に示した統一的なカットオフ値／濃度限界に基づいて作成されるべきである（**表1-5**）。

表 1-5：健康および環境の各危険有害性クラスに対するカットオフ値 / 濃度限界

危険有害性クラス	カットオフ値／濃度限界
急性毒性	1.0%以上
皮膚腐食性 / 刺激性	1.0%以上
眼に対する重篤な損傷性 / 眼刺激性	1.0%以上
呼吸器感作性または皮膚感作性	0.1%以上
生殖細胞変異原性：区分１	0.1%以上
生殖細胞変異原性：区分２	1.0%以上
発がん性	0.1%以上
生殖毒性	0.1%以上
特定標的臓器毒性（単回ばく露）	1.0%以上
特定標的臓器毒性（反復ばく露）	1.0%以上
誤えん有害性（区分１）	1.0%以上
誤えん有害性（区分２）	1.0%以上
水生環境有害性	1.0%以上

出典：GHS 改訂 7 版

表 1-6：健康および環境の各危険有害性クラスに対する SDS を作成する濃度

危険有害性クラス	SDS を作成する濃度（ただし，国内法令により別途定めがある場合には，この限りではない）
急性毒性	1.0%以上
皮膚腐食性／刺激性	1.0%以上
眼に対する重篤な損傷性／眼刺激性	1.0%以上
呼吸器感作性又は皮膚感作性	0.1%以上
生殖細胞変異原性：区分１	0.1%以上
生殖細胞変異原性：区分２	1.0%以上
発がん性	0.1%以上
生殖毒性	0.1%以上
特定標的臓器毒性（単回ばく露）	1.0%以上
特定標的臓器毒性（反復ばく露）	1.0%以上
誤えん有害性：区分１	10%以上の区分１の物質かつ 40℃での動粘性率が 20.5mm^2/$_s$ 以下
水生環境有害性	1.0%以上

出典：JIS Z 7253：2019 表 1

　これは健康と環境の各危険有害性のクラス分けには濃度限界があり、**表1-5** に示された濃度以下の場合はクラス分けの適用外であることを指している。

　一方、JIS Z 7253 では SDS を作成すべき濃度として**表1-6** が示されており、誤えん有害性の区分２は含まれていない。

1.6.3　営業秘密情報

国連 GHS 文書には、営業秘密情報（CBI）について以下のとおり記載されている。

1.4.8.1

　GHS を採用しているシステムでは、どのような規定が営業秘密情報（CBI）の保護に適切かを考慮するべきである。このような規定によって、作業者や消費者の健康と安全、または環境保護を危うくするべきではない。GHS の他の部分と同様、輸入される物質または混合物の営業秘密情報の申請については 、輸入国の規則を適用するべきである。（略）

1.4.8.2

　システムで営業秘密情報の保護を規定することに決めた場合、所管官庁は国家の法律と慣行に従い、適切なメカニズムを確立し、以下を考慮するべきである。

(a)　ある特定の化学品または化学品の危険有害性クラスを含めることが、システムの要求事項に合っているどうか、

(b)　競合相手が情報を入手してしまう可能性や、知的所有権などの要因、潜在的危険有害性の開示が事業主または供給者の事業に与える要因を考慮して、どのような「営業秘密情報」の定義を適用するべきか、および

(c)　作業者や消費者の健康と安全を保護するあるいは環境を保護する必要がある場合、営業秘密情報の開示の適切な手順、および追加の開示を防止する措置。

1.4.8.3

　営業秘密情報の保護に関する規定は、国家の法律と慣行により、システム間で異なる場合がある。しかし、これらは次の一般原則と一致させるべきである。

(a)　ラベルまたは安全データシートで要求される情報については、CBI の申請は物質の名前と混合物中の濃度に制限するべきである。他のすべての情報は、要求どおり、ラベルまたは安全データシートで開示するべきである。

(b)　CBI がある場合は、ラベルまたは安全データシートでその事実を示すべきである。

(c)　CBI は要請に応じて、所管官庁に開示するべきである。所管官庁は適用される法律と慣行に従い、情報の機密性を保護するべきである

(d)　危険有害性のある物質または混合物へのばく露による緊急事態であると医療関係者が決定した場合、供給者または事業主あるいは所管官庁が治療に必要な特定の機密情報を適時に開示する手段を確保するべきである。医療関係者は情

第1章

報の機密性を保持するべきである。

(e) 緊急事態でない場合には、供給者または事業主は、ばく露した作業者または消費者に医療や他の安全衛生サービスを提供する安全衛生の専門家、および作業者または作業者の代表者への機密情報の開示を保証すべきである。情報を要求する者は、開示の理由を示し、消費者または作業者保護の目的でのみ情報を使用し、他の目的に使用しないことに同意するべきである。

(f) CBI の非開示が要求された場合、所管官庁はこのような要求に対応するか、あるいは要求に対する代替の方法を規定するべきである。供給者または事業主は、保留された情報が営業秘密情報保護の対象になるという主張に対して責任を持つべきである。

(GHS 改訂 7 版より)

　このことは、営業秘密情報（CBI）は物質名称と混合物の組成に限定されるべきであり、危険有害性情報はすべて開示するべきであるということを意図している。また、緊急時には医療関係者には治療に必要な情報は開示すべきあるとされており、当然ながら作業者の健康や命に関わる緊急事態の際は、組成等に関した情報を提供することは法的責任以上に社会的責任として行われなければならない。一方、提供を受けた者も、その情報を医療等の目的以外で使用してはならない。成分開示を強いれば、重要な営業秘密情報（CBI）の漏洩に当たる場合もあり、不正競争防止法等の訴訟になることもあり、注意が必要である。

　営業秘密情報（CBI）については、JIS Z 7253 では以下の内容を記載している。

5.4　SDS による情報伝達方法

　（略）混合物の場合は、JIS Z 7252 で規定する混合物の GHS 分類基準に基づき、危険有害性があると判断され、かつ、成分が健康及び環境の各危険有害性クラスに対する SDS を作成すべき濃度（表 1：編注表 1-6）以上含有する場合は、情報伝達を行うことが望ましいが、表 1 に示す濃度より低い場合でも、GHS 分類基準に基づき、危険有害性があると判断される場合には、SDS を提供することが望ましい。国内法令によって情報伝達が求められている場合は、この限りではない。

　組成及び成分についての機密情報は、D.4 を遵守すれば別の方法で提供してもよい。

　（略）

(JIS Z 7253 より)

D.4 項目3－組成及び成分情報

この項目には化学品が化学物質か又は混合物かを記載する。

（略）

JIS Z 7252で規定されるGHS分類基準に基づき、危険有害性があると判断した化学物質については、GHS分類に寄与する成分が全ての不純物及び安定化添加物を含め、分類基準となる濃度（濃度限界という）以上含有する場合は、化学物質の名称及び濃度 [1] 又は濃度範囲を記載することが望ましい。

混合物の場合は、組成の全部を記載する必要はない。JIS Z 7252で規定される混合物のGHS分類基準に基づき、危険有害性があると判断し、かつ、濃度限界以上含有する場合は、その危険有害性区分の分類根拠となった成分 [2] の化学名又は一般名及び濃度又は濃度範囲を記載することが望ましい。ただし、次のa）からd)の場合には、表1（編注：表1-6）に記載の、健康及び環境の各危険有害性クラスに対するSDSを作成する濃度に相当するため、当該成分のGHS分類区分及び濃度又は濃度範囲を記載する。

a) 呼吸器感作性物質成分又は皮膚感作性物質成分が、質量分率0.1 %（0.1 質量%）以上の濃度で混合物中に存在する場合。

b) 区分2の発がん性物質成分が、質量分率0.1 %以上の濃度で混合物中に存在する場合。

c) 区分1及び区分2の生殖毒性物質成分又は授乳に対する又は授乳を介した影響のための追加区分に分類する成分が、質量分率0.1 %以上の濃度で混合物中に存在する場合。

d) 区分2の特定標的臓器毒性物質成分（単回ばく露及び反復ばく露）が、質量分率1.0 %以上の濃度で混合物中に存在する場合。

国内法令によって情報伝達が求められている場合は、この限りではない。

（略）

（JIS Z 7253より）

注1) 濃度は、含有率ともいう。

2) 化学物質を構成する要素である不純物及び安定化添加物についても適用する。

これは、組成および成分に関し法律で規定されている以外の情報は、別途、秘密保持契約等を結んで提供を受けるなどの進め方が求められることを示している。ただし、譲渡、提供者からのSDSに危険有害性に関する重大な情報が漏れていれば、

事故や健康障害の原因となることが想定され、その場合、ケースによっては、SDS 提供側に製造物責任が問われることがあるので、留意すべきである。

1.6.4 SDS の様式と内容

国連 GHS 文書には、SDS の様式として以下のとおり記載されている。

1.5.3.2.1

　SDS の情報は、次の 16 項目を使用し、下に示す順序で記載するべきである。

1. 物質または混合物および会社情報

2. 危険有害性の要約

3. 組成および成分情報

4. 応急措置

5. 火災時の措置

6. 漏出時の措置

7. 取扱いおよび保管上の注意

8. ばく露防止および保護措置

9. 物理的および化学的性質

10. 安定性および反応性

11. 有害性情報

12. 環境影響情報

13. 廃棄上の注意

14. 輸送上の注意

15. 適用法令

16. その他の情報

（GHS 改訂 7 版より）

　したがって、この各項目順に記載しなければならない。

　一方、JIS Z 7253 には全体構成およびその内容として、以下のとおり記載されている。一部 GHS とは表現が異なっている項目があるが、内容、項目の順序は同じである。また、項目の番号、項目名および順序を変更してはならないとされている。

7　SDS の全体構成及びその内容

7.1　全体構成

　産業用又は業務用に製造された化学品を JIS Z 7252 に従って分類した結果、危険有害性クラス及び危険有害性区分に該当する場合には、SDS を作成し、情報伝達を行わなければならない。SDS には、化学品について、次の 16 の項目及びその情報を記載する。これらの項目の番号、項目名及び順序を変更してはならない。

　1　化学品及び会社情報

　2　危険有害性の要約

　3　組成及び成分情報

　4　応急措置

　5　火災時の措置

　6　漏出時の措置

　7　取扱い及び保管上の注意

　8　ばく露防止及び保護措置

　9　物理的及び化学的性質

　10　安定性及び反応性

　11　有害性情報

　12　環境影響情報

　13　廃棄上の注意

　14　輸送上の注意

　15　適用法令

　16　その他の情報

（JIS Z 7253 より）

　また、SDS の内容について、国連 GHS 文書には、関係する危険有害性を特定するのに用いられたデータを明確に記載するべきであるとしている。**表 1-7** の最低限の情報が、該当する場合、かつ入手可能である場合、SDS の関連する項目に含めるべきである。小項目に該当する特定の情報がない、または入手不能である場合は、SDS にその事実を明示するべきであるとの記載がある。

　GHS で要求される SDS の作成ガイダンスは国連 GHS 文書附属書 4 に詳細が記載されており、国連 GHS 文書の**表 1.5.2** には必要最少情報の内容が定められている（**表 1-7**）。

表 1-7：SDS の必要最少情報

1.	物質または混合物および会社情報	(a) GHS の製品特定手段 (b) 他の特定手段 (c) 化学品の推奨用途と使用上の制限 (d) 供給者の詳細（社名、住所、電話番号など） (e) 緊急時の電話番号
2.	危険有害性の要約	(a) 物質／混合物のGHS分類と国／地域情報 (b) 注意書きも含む GHS ラベル要素。（危険有害性シンボルは、黒と白を用いたシンボルの図による記載またはシンボルの名前、例えば、「炎」、「どくろ」などとして示される場合がある） (c) 分類に関係しない（例「粉塵爆発危険性」）または GHS で扱われない他の危険有害性
3.	組成および成分情報	物質 (a) 化学的特定名 (b) 慣用名、別名など (c) CAS 番号およびその他の特定名 (d) それ自体が分類され、物質の分類に寄与する不純物および安定化添加物 混合物 GHS 対象の危険有害性があり、カットオフ値以上で存在するすべての成分の化学名と濃度または濃度範囲 *注記：成分に関する情報については、製品の特定規則より CBI に関する所管官庁の規則が優先される。*
4.	応急措置	(a) 異なるばく露経路、すなわち吸入、皮膚や眼との接触、および経口摂取に従って細分された必要な措置の記述 (b) 急性および遅延性の最も重要な症状／影響 (c) 必要な場合、応急処置および必要とされる特別な処置の指示
5.	火災時の措置	(a) 適切な（および不適切な）消火剤 (b) 化学品から生じる特定の危険有害性（例えば、「有害燃焼生成物の性質」） (c) 消火作業用の特別な保護具と予防措置
6.	漏出時の措置	(a) 人体に対する予防措置、保護具および緊急時措置 (b) 環境に対する予防措置 (c) 封じ込めおよび浄化方法と機材
7.	取扱いおよび保管上の注意	(a) 安全な取扱いのための予防措置 (b) 混触危険性等、安全な保管条件
8.	ばく露防止および保護措置	(a) 職業ばく露限界値、生物学的限界値等の管理指標 (b) 適切な工学的管理 (c) 個人用保護具などの個人保護措置
9.	物理的および化学的性質	物理状態； 色； 臭い； 融点／凝固点； 沸点または初留点および沸点範囲； 燃焼性； 爆発下限および上限／引火限界； 引火点； 自然発火温度； 分解温度； pH； 動粘性率； 溶解度； n-オクタノール／水分配係数（log値）； 蒸気圧； 密度および／または比重； 蒸気比重； 粒子特性；

（次頁に続く）

表 1-7：SDS の必要最少情報（続き）

10.	安定性および反応性	(a) 反応性 (b) 化学的安定性 (c) 危険有害反応性の可能性 (d) 避けるべき条件（静電放電、衝撃、振動等） (e) 混触危険物質 (f) 危険有害性のある分解生成物
11.	有害性情報	種々の毒性学的（健康）影響の簡潔だが完全かつ包括的な記述および次のような影響の特定に使用される利用可能なデータ： (a) 可能性の高いばく露経路（吸入、経口摂取、皮膚および眼接触）に関する情報 (b) 物理的、化学的および毒性学的特性に関係した症状 (c) 短期および長期ばく露による遅発および即時影響、ならびに慢性影響 (d) 毒性の数値的尺度（急性毒性推定値など）
12.	環境影響情報	(a) 生態毒性（利用可能な場合、水生および陸生） (b) 残留性と分解性 (c) 生物蓄積性 (d) 土壌中の移動度 (e) 他の有害影響
13.	廃棄上の注意	廃棄残留物の記述とその安全な取扱いに関する情報、汚染容器包装の廃棄方法を含む
14.	輸送上の注意	(a) 国連番号 (b) 国連品名 (c) 輸送における危険有害性クラス (d) 容器等級（該当する場合） (e) 海洋汚染物質（該当／非該当） (f) IMO 文書に基づいたばら積み輸送 (g) 使用者が構内もしくは構外の輸送または輸送手段に関連して知る必要がある、または従う必要がある特別の安全対策
15.	適用法令	当該製品に特有の安全、健康および環境に関する規則
16.	SDS の作成と改訂に関する情報を含むその他の情報	

注記：9 節に示されている物理的および化学的性質の SDS における順番は、本表にしたがって良いが、強制ではない。所管官庁は SDS の 9 節における順番について規定してもよいし、適当であれば、並べ替えを SDS の作成者にゆだねてもよい。

出典：GHS 改訂 7 版

一方、JIS Z 7253 には記載内容について、より具体的に以下のとおり記載されている。なお、SDS を作成する場合は、JIS Z 7253 を入手し、各項目の記載内容について JIS Z 7253 の附属書 D を参照すべきである。

7.2　SDS への記載内容

7.1 の 16 の項目の下に、それぞれ該当する情報を記載する。これらの情報が入手できない場合は、その事実を明記する。各項目への記載内容は、附属書 D によるほか、次による。

a)　各項目は、空白にしてはならない。ただし、項目 16" その他の情報 " は、空白でもよい。

b)　SDS では、必ずしも情報源を示す必要はないが、情報源を示して、情報の信頼性を高めることが望ましい。

c)　これらの 16 の項目は、それぞれを分割して小項目名を付けてもよい。ただし、小項目名には番号を付けない。16 の項目は、明確に区分しなければならない。項目名又は小項目名は、目立つように書く。

d)　SDS の各ページには、ラベルなどに使用した化学品の名称、最新の改訂日（SDS を最新の内容に改訂した日）及びページ番号を記載する。各ページに全ページ数を記載するか、又は最終ページにその旨（最終ページであること）を明示することが望ましい。

e)　化学品の名称が長い場合には略称を用いてもよいが、長い化学品の名称を、略称との関係がわかるように、SDS の項目 1 又は項目 3 に記載する。

f)　SDS の 1 ページ目に、最新の改訂日と併せて、作成日（SDS を最初に作成した日）を記載することが望ましい。なお当該化学品の SDS を初めて作成した場合には、作成日のみとする。

g)　各 SDS は、その作成者が識別するための整理番号を記載してもよい。SDS の 1 ページ目に整理番号及び改訂日（版番号）が記載されている場合は、各ページに化学品の名称、最新の改定日の代わりに整理番号を記載してもよい。

（JIS Z 7253 より）

ワンポイントレッスン

保護具ってなぜ必要なの？

　厚生労働省の調査結果によれば、化学品を取り扱う事業場で、溶剤や薬品などの飛沫を身体にばく露することによる薬傷・やけど等の災害が、ここ数年、年間 300 件以上発生しています。化学物質を取り扱うどのようなケースでも、突発的な事故等により、溶剤等を浴びることがあり得ます。また、皮膚からの吸収がある物質については、その性質を知らなければ、知らず知らずのうちに体に取り込むおそれがあります。皮膚からの吸収、あるいは突発のトラブルによるばく露なども、保護マスク、保護手袋、保護衣、保護めがねなどによって防止することができます。保護具は、最後の防御策です。油断なく、自らの身は自らが守るという覚悟のもと、保護具の着用は必須です。

第1章

第２章

わが国の GHS 導入と
関係する国内法

GHS に関係してくる法令について解説する。

□事業者向けの支援（GHS、JIS、GHS 分類ガイダンス、政府
　による GHS 分類結果、GHS 混合物分類判定システム）につ
　いて

□ GHS に基づく危険有害性の分類について

□ラベル・SDS を規定する国内法令について

わが国では、厚生労働省が幹事を務める GHS 関係省庁等連絡会議が、GHS に関する情報の共有、国内における実施状況の確認と調整、国連 GHS 専門家小委員会への対応などを行っている。そして、GHS を導入する事業者に向けて各種支援を行っている。

この会議は、厚生労働省のほか、内閣府消費者庁、総務省消防庁、外務省、農林水産省、経済産業省、国土交通省、環境省、国連の GHS 専門家小委員会委員、独立行政法人製品評価技術基盤機構、一般社団法人日本化学工業協会、GHS 国内専門家で構成されている。

◢2.1◣ 事業者に向けた支援

2.1.1　国連 GHS 文書の邦訳

GHS は選択可能方式（Building block approach）、いわばできることから積み重ねていく手法を採用している。このため国連 GHS 専門家小委員会において合意したところから国連 GHS 文書が発行され、修正も加えられている。2 年ごとに改訂版が公開される。それを GHS 関係省庁等連絡会議が邦訳し、原文発行と同時に化学工業日報社から原文とともに邦訳版が出版される。また、おおむね 1 年後に邦訳版のみが下記のサイトに公開される。

経済産業省：http://www.meti.go.jp/policy/chemical_management/int/ghs_text.html

厚生労働省：https://www.mhlw.go.jp/bunya/roudoukijun/anzeneisei04.html

環境省：http://www.env.go.jp/chemi/ghs/

原文（英語版）は、国際連合欧州経済委員会（United Nations Economic Commission for Europe）のサイトで入手できる。

改訂 7 版：

http://www.unece.org/trans/danger/publi/ghs/ghs_rev07/07files_e.html

改訂 6 版：

http://www.unece.org/trans/danger/publi/ghs/ghs_rev06/06files_e.html

なお、2019 年 11 月に国連 GHS 文書改訂 8 版が発行される予定である。

2.1.2 日本産業規格（Japanese Industrial Standards：産業標準化法）の整備

わが国は GHS の要素を 2 つの JIS として規定している。これらの JIS は国連 GHS 文書を翻訳したものであるが、国内法令から外れない表現に変更されている上、わが国独自の内容となっているので、「国連 GHS 文書の一部抜粋」と表記される。

GHS の要素（elements）[1]

①健康（health）、環境（environmental）および物理化学（physical）における危険有害性（hazard）によって、化学品（化学物質（substance）または混合物（mixture））を分類する（classify）ための判定基準（criteria）

②ラベル（labelling）および安全データシート（safety data sheet）に必要な要件（requirements）を含む、危険有害性に関する情報の伝達（hazard communication）の要素（elements）

最新の JIS は、国連 GHS 文書改訂 6 版に基づき、2019（令和元）年 5 月 25 日に発行された。なお、2022（令和 4）年 5 月 24 日 までは、国連 GHS 文書改訂 4 版に基づく JIS Z 7252：2014 および JIS Z 7253：2012 に従ってもよいとの暫定措置がある。化学品はその開発から、製造、物流、使用、最終消費、廃棄・リサイクルに至るまでの長い過程（サプライチェーン）をたどり、さまざまな加工が加えられる。それによって危険有害性が変わり、防護対策も変わる。上流の変更が下流で対応できるためには時間が必要である。このため、暫定期間中は新旧それぞれの JIS に従った GHS ラベルや SDS が混在することになり、特に SDS の読み方には注意する必要があろう。

① JIS Z 7252：2019（分類 JIS。GHS に基づく化学品の分類方法）

② JIS Z 7253：2019（情報 JIS。GHS に基づく化学品の危険有害性情報の伝達方法－ラベル、作業場内の表示及び安全データシート（SDS））

2.1.3 GHS 分類ガイダンスの整備

JIS や国連 GHS 文書には、専門家による判断を要する箇所や分類者が GHS 分類

※ 1：以降の頁に示した括弧の英語表記は国連 GHS 文書改訂 7 版原文を記した。

第2章

を行う際に判断に迷う記述もある。これらを補うのが「GHS 分類ガイダンス」で、実際的な手順や方法、情報源、専門家による判断を要する箇所には GHS 関係省庁等連絡会議専門家グループによる解釈などが示されている。事業者向けと政府向けの 2 つが下記のサイトに公開されている。

経済産業省 GHS 分類ガイダンス：

https://www.meti.go.jp/policy/chemical_management/int/ghs_tool_01GHSmanual.html

- **「事業者向け GHS 分類ガイダンス」（混合物）**

事業者が取り扱う製品は混合物が主であるため、混合物の GHS 分類を行う必要がある。その手引きが「事業者向け GHS 分類ガイダンス」である。

混合物の GHS 分類には、混合物としての有害性が分かっていなければならない。しかし、動物実験によって明らかにされていることはまずない。動物愛護に反するからである。このため、有害性が分かっている化学物質（成分）の組合せにすぎないとして、有害性を計算する。しかし、地球上には膨大な数の化学物質が存在するにもかかわらず、有害性が分かっている化学物質は少ない[2] ので、実際には容易でない。さらに有害性が分かっている化学物質であっても、それらを混ぜた場合に増悪するのか軽減するのかといったことまで分かっているともいえない。したがって、その計算は定性的、相対的なものにしかならない。しかし、そもそも GHS 分類を行う意図は安全対策を導くことであるから、GHS 分類結果と安全対策を結び付けることができれば十分である。

---

[2]：地球上に存在する化学物質の数は、網羅的で信頼性が最も高いといわれているケミカル・アブストラクツ・サービス（Chemical Abstracts Service：米国化学会の情報部門）によれば 1 億 5500 万超である（2019 年 8 月 22 日時点）。そのデータベース（CAS REGISTRY[SM]）には、1800 年代の文献にまでさかのぼった世界中の化学物質の情報の全てが収載され、日々 1 万 5 千ほどが追加される。

一方、その中で有害性の程度が分かっている、例えば、健康に悪影響を及ぼさないという限界濃度（職業性ばく露限界：Occupational Exposure Limits）が設定されている化学物質の数は少ない。米国産業衛生専門家会議（American Conference of Governmental Industrial Hygienists：ACGIH）で 763 物質、フィンランドで 760 物質、フランスで 556 物質、ポーランドで 541 物質、スウェーデンで 436 物質、英国で 414 物質、ドイツで 325 物質に過ぎない[1]。なお、日本産業衛生学会は 240 物質ほど（2018 年）である。

参考文献（1）

Linda Schenk : Occupational Exposure Limits in Comparative Perspective: Unity and Diversity Within the European Union, from book Regulating chemical risks: European and global challenges (pp.133-150), August 2010.

- 「政府向け GHS 分類ガイダンス」（純物質）

わが国の法令で規制対象になっている化学物質を中心に、経済産業省、厚生労働省、環境省等関係各省が GHS 分類を行っている。その手順書が「政府向け GHS 分類ガイダンス」である。

例えば、"入手可能なデータ"は、既存システムの分類結果、評価文書、成書に限り、そのリストを設けている。List 1 は一次資料にさかのぼることができるもの、List 2 は List1 に情報がない場合のものである。そして、それらの個々情報の信頼性を確認するための原（学術）文献を探し出すデータベースを List 3 としている。

なお、これらは健康有害性についてだけであって、物理化学的危険性は UN_RTDG による分類を採用するとしている。ただし、そこで使用する物性値は文献値を採用する。その文献には等級付けを設けて信頼性を担保している。「化学研究者・技術者の基本的な文献としての地位を保ち続けた」、「化学工学技術者に役立ってきた」、「単なる参考資料」といった具合である。

2.1.4　「政府による GHS 分類結果」の公開

「政府向け GHS 分類ガイダンス」に基づいて GHS 分類した結果は、「政府による GHS 分類結果」として独立行政法人 製品評価技術基盤機構（National Institute of Technology and Evaluation）のサイトに公表されている。2019 年 8 月 22 日時点で 4258 物質 が収録され、GHS 分類結果だけでなくその根拠、絵表示（pictogram）、注意喚起語（signal word）、危険有害性情報（hazard statement）、注意書き（precautionary statement）も表示されている。

見直し・再分類を含めて頻繁にメンテナンスされているので、最新かつ信頼性のあるデータベースといえよう。化学物質に関した模範情報であると思われる。

分類結果（Excel、HTML）：

https://www.nite.go.jp/chem/ghs/ghs_download.html

分類結果一覧（CHRIP）：

https://www.nite.go.jp/chem/chrip/chrip_search/sltLst

なお「政府による GHS 分類結果」を用いたと表記する「GHS 対応モデルラベル・モデル SDS 情報」が厚生労働省のサイトに公開されているが、猶予期間の過ぎた古い JIS（2006 年版など）に基づいたものが散見されたりなどのメンテナンス難もあり、体裁を表したものにすぎないといえよう。

職場のあんぜんサイト：

http://anzeninfo.mhlw.go.jp/anzen_pg/ghs_msd_fnd.aspx

2.1.5 「GHS 混合物分類判定システム」の整備

混合物の GHS 分類を自動計算するシステムである。成分名とその含有率を入力すれば GHS 分類を計算する。さらに絵表示、注意喚起語、危険有害性情報、注意書き、GHS ラベルも出力できる。ただし、物理化学的危険性については混合物としての UN_RTDG 国連番号を入力する必要がある。

GHS 混合物分類判定システム：

https://www.meti.go.jp/policy/chemical_management/int/ghs_auto_classification_tool_ver4.html

- GHS 分類計算は、2019 年 8 月 22 日時点 では国連 GHS 文書改訂 4 版あるいは JIS Z 7252:2014 に基づく。いずれかを選択することもできる。
- 公開されている「政府による GHS 分類結果」があらかじめ搭載されているが、その他の GHS 分類結果も取り込めば複合的に利用できる。つまり複数の化学品を混ぜ合わせた場合などにも使える。
- 出力言語は日本語か英語かを選択できる。

2.2 GHS に基づく危険有害性の分類 (Hazard Classification)

化学品を「危険有害性の種類」(Hazard class)と「危険有害性区分」(Hazard Category) に当てはめることが、「危険有害性の分類」(Hazard Classification) である。

はじめに GHS で用いる用語の定義を**表 2-1** に示した。2019（令和元）年 8 月 22 日 時点での国連 GHS 文書と JIS に総じて違いはない。ただし、特殊な用語として、例えば「混合物」に「合金」を含んでいる。国連 GHS 文書や JIS の中に「合金」の用語が出てくることがないので、「混合物」と見たら「合金」のことだと感じるぐらいが良いかもしれない。

なお、**表 2-1** には参考として JIS Z 7252：2014（旧分類 JIS）も示した。新旧に基本的な相違はないが、JIS Z 7252：2019（新分類 JIS）において国連 GHS 文書改訂 7 版に、より整合したといえよう。

表 2-1：最新の国連 GHS 文書と JIS の用語定義例

国連 GHS 文書改訂 7 版：邦訳版		JIS Z 7252：2019		【参考】JIS Z 7252：2014
Chemicals	— 注1)	化学品（Chemicals）	化学物質又は混合物	化学物質又は混合物 化学品は製品と同じ意味である ただし、製品という呼称は、毒物及び劇物取締法における製剤の意味だけでなく、器具、機器、用具といった物品の意味で用いられることがあるが、物品は化学品からは除かれることに留意が必要である
Substance	自然状態にあるか、または任意の製造過程において得られる化学元素及びその化合物	化学物質（Substance）	天然に存在するか、又は任意の製造過程において得られる元素及びその化合物 物質ということもある	同左
Mixture	複数の物質で構成される反応を起こさない混合物または溶液	混合物（Mixture）	互い反応を起こさない2つ以上の化学物質を混合したもの 合金は混合物とみなす	同左
Article	— 注2)	成形品（Article）	液体、粉体又は粒子以外の製造品目で、製造時に特定の形又はデザインに形作られたものであり、かつ、最終使用時に、全体又は一部分がその形態又はデザインに依存した最終用途における機能を保持するもの 通常の使用条件下では含有化学品をごく少量、例えば、痕跡量しか放出せず、取扱者に対する物理化学的危害又は健康への有害性を示さないもの 物品ということもある	製造時に特定の形又はデザインに形作られたものであり、かつ、最終使用時に、全体又は一部分がその形態又はデザインに依存した最終用途における機能を保持するもの 成形品は物品ということもある
Gas	(i) 50 ℃ で 300kPa（絶対圧）を超える蒸気圧を有する物質 または (ii) 101.3kPa の標準気圧、20℃において完全にガス状である物質	気体、ガス（Gas）	50℃で300kPa（絶対圧）を超える蒸気圧をもつ化学品か、又は101.3kPaの標準圧力で、20℃において完全にガス状である化学品	同左

第2章

国連 GHS 文書改訂 7 版：邦訳版		JIS Z 7252：2019	【参考】JIS Z 7252：2014
Liquid	50℃において 300 kPa（3bar）以下の蒸気圧を有し、20℃、標準気圧 101.3kPa では完全にガス状ではなく、かつ、標準気圧 101.3kPa において融点または融解が始まる温度が 20℃以下の物質	液体（Liquid）	50℃において 300 kPa 以下の蒸気圧をもち、20℃において標準圧力 101.3kPa では完全なガス状ではなく、かつ、標準圧力 101.3kPa において融点又は融解が始まる温度が 20℃以下の化学品	50℃において 300kPa 以下の蒸気圧をもつ化学品又は標準圧力 101.3kPa で、20℃において完全なガス状である化学品
Solid	液体または気体の定義に当てはまらない物質または混合物	固体（Solid）	液体又は気体の定義に当てはまらない化学品	同左
Alloy	機械的手段で容易に分離できないように結合した 2 つ以上の元素から成る巨視的にみて均質な金属体 合金は、GHS による分類では混合物とみなされる	合金（Alloy）	機械的手段で容易に分離できないように結合した 2 つ以上の元素からなる巨視的にみて均質な金属体	同左 （JISZ7252：2014 になく JISZ7253：2012 に有）
Vapour	液体又は固体の状態から放出されたガス状の物質または混合物	蒸気（Vapour）	液体又は固体の状態から放出されたガス状の化学品	同左
Dust	ガス（通常空気）の中に浮遊する物質または混合物の固体の粒子	粉じん（Dust）	気体（通常は、空気）の中に浮遊する化学品の固体の粒子	同左
Mist	気体（通常空気）の中に浮遊する物質または混合物の液滴	ミスト（Mist）	気体（通常は、空気）の中に浮遊する化学品の液滴	同左
－		危険有害性（Hazard）	化学品がもつ悪影響が生じる潜在的な特性 物理化学的危険性、健康有害性及び環境有害性がある	同左
Hazard class	可燃性固体、発がん性物質、経口急性毒性のような、物理化学的危険性、健康または環境有害性の種類	危険有害性クラス（Hazard class）	可燃性固体、発がん性、水生環境有害性などの、物理化学的危険性、健康有害性又は環境有害性の種類	可燃性固体、発がん性、水生環境有害性などの、物理化学的危険性、健康又は環境有害性の種類
Hazard category	各危険有害性クラス内の判定基準の区分 例えば、経口急性毒性には 5 つの有害性区分があり、引火性液体には 4 つの危険性区分がある。これらの区分は危険有害性クラス内で危険有害性の強度により相対的に区分されるもので、より一般的な危険有害性区分の比較とみなすべきでない	危険有害性区分（Hazard category）	各危険有害性クラス内の判定基準に基づく区分 例えば、引火性液体には、四つの危険有害性区分がある。これらに区分は、危険有害性クラス内での危険有害性の強度及び／又は当該危険有害性を示唆する科学的根拠の確実性に基づく相対的な区分である	同左

注 1) 定義項には記載がないが、表題の GHS (Globally Harmonized System of classification and labelling of chemicals) にあるように GHS の対象は chemicals である。そして本文 (第 1.3 章 1.3.2.1.1)「The GHS applies to pure substances and their silute solutions and to mi x tures.」適用範囲を以って、"chemicals" とは純粋な物質とその希釈溶液および混合物を指す。

注 2) 定義項には記載がないが、本文 (第 1.3 章 1.3.2.1.1)「米国労働安全衛生局 (Occupational Safety and Health Administration) の危険有害性周知基準 (Hazard Communication Standard) (29CFR1910.1200) および同様の定義項目に定められている「物品 (Article)」は、本システムが除外される。」を基に、連邦規則 CFR40 § 720.3 (c) の定義を引用すれば以下である。
製造中に特定の形状またはデザインに形成され、最終用途においてその形状またはデザインの一部または全部に依存する最終用途機能を有し、かつその最終使用において化学組成が変化しないもの、
または、そのような組成変化がその ""article"" とは別の商業目的を持たず、かつ CFR40 § 710.4 (d) (5) および CFR40 § 720.30 (h) (5) に記載されているような場合にのみ生ずる。ただし、液体および粒子は、その形状またはデザインに関係なく、「article」とはみなさない。

第2章

2.2.1 危険有害性の種類 (Hazard class)

危険有害性の種類 (クラス) を **表 2-2** に示した。「鈍性化爆発物」が JIS Z 7252：2019 (新分類 JIS) や最新 (2019 年 6 月 3 日 時点) の国連 GHS 文書改訂 7 版にはある。これは国連 GHS 文書改訂 6 版から追加されたもので、国連 GHS 文書改訂 4 版に基づいた JIS Z 7252：2014 (旧分類 JIS) には含まれていなかった。

表 2-2：最新の国連 GHS 文書と JIS における危険有害性の種類

	国連 GHS 文書改訂 7 版	JIS Z 7252：2019		【参考】JIS Z 7252：2014	
	原文 (英語)	呼称	英語表記	呼称	英語表記
物理化学的危険性	Explosives	爆発物	Explosive		
	Flammable gases	可燃性ガス	Flammable gas	可燃性又は引火性ガス	
	Aerosols	エアゾール	Aerosol		
	Oxidizing gases	酸化性ガス	Oxidizing gas	支燃ガス又は酸化性ガス	
	Gases under pressure	高圧ガス	Gas under pressure		
	Flammable liquids	引火性液体	Flammable liquid		
	Flammable solids	可燃性固体	Flammable solid		
	Self-reactive substances and mixtures	自己反応性化学品	Self-reactive substance		
	Pyrophoric liquids	自然発火性液体	Pyrophoric liquid		
	Pyrophoric solids	自然発火性固体	Pyrophoric solid	JIS Z 7252：2019 に同じ	
	Self-heating substances and mixtures	自己発熱性化学品	Self-heating substance		

物理化学的危険性	Substances and mixtures which, in contact with water, emit flammable gases	水反応可燃性化学品	Substance which, in contact with water, emit flammable gases	
	Oxidizing liquids	酸化性液体	Oxidizing liquid	
	Oxidizing solids	酸化性固体	Oxidizing solid	
	Organic peroxides	有機過酸化物	Organic peroxide	
	Corrosive to metals	金属腐食性化学品	Corrosive to metal	
	Desensitized explosives	鈍性化爆発物	国連 GHS 文書に同じ	－
健康有害性	Acute toxicity	急性毒性	国連 GHS 文書に同じ	
	Skin corrosion/irritation	皮膚腐食性 / 刺激性	国連 GHS 文書に同じ	皮膚腐食性及び皮膚刺激性
	Serious eye damage/eye irritation	眼に対する重篤な損傷性 / 眼刺激性	国連 GHS 文書に同じ	眼に対する重篤な損傷性又は眼刺激性
	Respiratory or skin sensitization	呼吸器感作性又は皮膚感作性	国連 GHS 文書に同じ	JIS Z 7252：2019 に同じ
	Germ cell mutagenicity	生殖細胞変異原性	国連 GHS 文書に同じ	
	Carcinogenicity	発がん性	国連 GHS 文書に同じ	
	Reproductive toxicity	生殖毒性	国連 GHS 文書に同じ	
	Specific target organ toxicity-Single exposure	特定標的臓器毒性 (単回ばく露)	Specific target organ toxicty, single exposure	特定標的臓器毒性、単回ばく露
	Specific target organ toxicity-Repeated exposure	特定標的臓器毒性 (反復ばく露)	Specific target organ toxicty, repeated exposure	特定標的臓器毒性、反復ばく露
	Aspiration hazard	誤えん有害性	国連 GHS 文書に同じ	吸引性呼吸器有害性
環境有害性	Hazardous to the aquatic environment	水生環境有害性	国連 GHS 文書に同じ	JIS Z 7252：2019 に同じ
	Hazardous to the ozone layer	オゾン層への有害性	－	

2.2.1.1　物理化学的危険性[※3]（Physical hazard）

　物理化学的危険性に関した GHS 分類は、試験データを必要とする UN_RTDG の分類方法を採用している。UN_RTDG 分類結果と GHS 分類結果は読み替えできる。UN_RTDG は国連 GHS 文書初版発行の 2003 年よりも 50 年近く前の 1956 年に勧告された国際統一要件であり、先行している。このため、実際的には、UN_RTDG 分類結果を GHS 分類結果に読み替える方向である。それは UN_RTDG が付与する「国連番号」によって相互に結び付けられている。このことは純物質でも混合物でも適用される。

● 爆発物（Explosives）

　それ自体の化学反応によって、周囲環境に損害を及ぼすような温度および速度でガスを発生する能力のある固体物質若しくは液体物質（又は物質の混合物）。火工剤はたとえガスを発生しない場合でも爆発物とされる。

　なお、国連 GHS 文書改訂 7 版では、爆発性物質（Explosive substance（or mixture of substances））である。

● 可燃性ガス（Flammable gases）

　20℃、標準気圧 101.3 kPa において、空気と混合した場合に爆発範囲（燃焼範囲）を持つガス。

　なお、JIS Z 7252：2014（旧分類 JIS）には引火性ガスが追記されていたが、省かれた。引火性ガスと可燃性ガスは同義であるが、わが国の法令では異なる定義をしている場合があり、旧 JIS では同義であると強調する意味であった。

● エアゾール（Aerosols）

　圧縮ガス、液化ガス又は溶解ガスが適宜、液体、ペースト又は粉末と共に充填される、金属製、ガラス製またはプラスチック製の再充填不可能な容器に、内容物を液体、ガス中に浮遊する固体として液体中かガス中で懸濁された泡、ペースト若しくは粉として放出させる噴射装置を取り付けたもの。

　なお、国連 GHS 文書改訂 7 版には、「エアゾール」は「エアゾール噴霧器（Aerosol dispensers）」を意味するとの付記がある。

● 酸化性ガス（Oxidizing gases）

　一般に酸素を供給することによって、空気以上に他の物質の燃焼を引き起こすか、又はその一因となるガス。「空気以上に他の物質の燃焼を引き起こすか、又はその一因となるガス」とは、ISO10156：2010 に規定する方法によって測定された 23.5％以上の酸化能力を持つ純粋ガスまたは混合ガスをいう。

※3
- 記述内容は JIS Z 7252：2019（新分類 JIS）を基本に引用し、ゴシック体で記した。国連 GHS 文書改訂 7 版や JIS Z 7252：2014（旧分類 JIS）と異なる部分については、なお書きした。
- 液体（Liquid）とは、50℃において 300 kPa 以下の蒸気圧を持ち、20℃において標準圧力 101.3 kPa では完全なガス状ではなく、かつ、標準圧力 101.3 kPa において融点または融解が始まる温度が 20℃以下の化学品。
- ガス（Gas）とは、50℃において 300 kPa（絶対圧）を超える蒸気圧を持つ化学品か、又は 101.3 kPa の標準圧力で、20℃において完全にガス状である化学品。
- 固体（Solid）とは、液体（Liquid）または気体（ガス、Gas）の定義に当てはまらない化学品。
　なお、国連 GHS 文書改訂 7 版では「化学品」ではなくすべて「物質（Substance）」の定義として示されている。

第2章

なお、JIS Z 7252：2014（旧分類 JIS）には支燃性ガスが追記されていたが、省かれた。支燃性ガスと酸化性ガスは同義であるが、わが国の法令においては異なる定義をしている場合があり、旧 JIS では同義であると強調する意味であった。

- 高圧ガス（Gases under pressure）

  20℃、200 kPa（ゲージ圧）以上の圧力の下で容器に充填されているガス又は液化若しくは深冷液化されているガス。高圧ガスには、圧縮ガス、液化ガス、溶解ガス及び深冷液化ガスが含まれる。そして、UN_RTDG または国内法に引用されているものを含む。

  なお、国連 GHS 文書改訂 7 版には UN_RTDG 部分の記載はない。

- 引火性液体（Flammable liquids）

  引火点が 93℃以下の液体。

- 可燃性固体（Flammable solids）

  容易に燃焼するか又は摩擦によって、発火または発火を誘発する固体。

- 自己反応性化学品（Self-reactive substances and mixtures）

  酸素（空気）がない状態でも非常に強力な発熱性分解をする熱的に不安定な液体又は固体。爆発物、有機過酸化物または酸化性物質は含まれない。

- 自然発火性液体（Pyrophoric liquids）

  少量であっても、空気との接触後 5 分以内に発火する液体。

- 自然発火性固体（Pyrophoric solids）

  少量であっても、空気との接触後 5 分以内に発火する固体。

- 自己発熱性化学品（Self-heating substances and mixtures）

  自然発火性液体又は自然発火性固体以外で、空気との反応によってエネルギーの供給なしに自己発熱する固体または液体。この物質は、大量（キログラム単位）に存在し、かつ、長時間（数時間〜数日間）経過した後にだけ発火する点で自然発火物質とは異なる。化学品の自己発熱とは、空気中の酸素と除々に反応し発熱する過程をいう。発熱の速度が熱損失を超える場合は、化学品の温度は上昇し、ある誘導期間を経て、自己発火及び燃焼に至る。

- 水反応可燃性化学品（Substances and mixtures which, in contact with water, emit flammable gases）

  水との相互作用によって自然発火性となるか、又は危険な量の可燃性ガスを放出する、固体又は液体の化学品。

- **酸化性液体**（Oxidizing liquids）

　それ自体は必ずしも燃焼性を持たないが、一般的に酸素の発生によって、他の物質を燃焼させ又はその一因となる液体。

　なお、国連 GHS 文書改訂 7 版では、「その一因となる」は「助長（contribute）」といっている。

- **酸化性固体**（Oxidizing solids）

　それ自体は必ずしも燃焼性を持たないが、一般的に酸素の発生によって、他の物質を燃焼させ又はその一因となる固体。

　なお、国連 GHS 文書改訂 7 版では、「その一因となる」は「助長（contribute）」といっている。

- **有機過酸化物**（Organic peroxides）

　2 価の -O-O- 構造を持ち、1 個又は 2 個の水素原子が有機ラジカルによって置換された過酸化水素の誘導体とみなすことができる液体又は固体の有機物質。有機過酸化組成物（混合物）を含む。

　なお、国連 GHS 文書改訂 7 版では、「有機過酸化物は熱的に不安定な物質又は混合物であり、自己発熱分解を起こす恐れがある」と付記している。

- **金属腐食性化学品**（Corrosive to metals）

　化学反応によって金属を実質的に損傷または破壊する化学品。

- **鈍性化爆発物**（Desensitized explosives）

　大量爆発及び急速な燃焼を起こさないように、爆発性を抑制するために鈍性化され、したがって危険有害性の種類の“爆発物”から除外されている固体若しくは液体の爆発性物質又は混合物。

2.2.1.2　健康有害性（Health hazard）[※3]

　健康有害性に関した GHS 分類は、既存データを利用する。その懸念点は、どんな既存データを利用するかである。わが国では純物質であれば「政府向け GHS 分類ガイダンス」を、混合物であれば「事業者向け GHS 分類ガイダンス」を参照していれば信頼性が担保されている。

- **急性毒性**（Acute toxicity）

　化学品の経口若しくは経皮からの単回ばく露、24 時間以内の複数回ばく露、又は 4 時間の吸入ばく露によって動物を死に至らしめる等によってヒトに対しても致死性の影響があると考えられる、又は知られている性質。

なお、JIS Z 7252：2014（旧分類 JIS）では「動物を死に至らしめる等によって
ヒトに対しても致死性の影響があると考えられる、又は知られている」が単に「有
害な性質」であった。国連 GHS 文書改訂 7 版では「健康への重篤な有害影響（す
なわち致死作用）」である。すなわち、JIS Z 7252：2019（新分類 JIS）は「致死性」
を強調して、国連 GHS 文書により整合したといえよう。またばく露時間について
も単回、複数回であっても 24 時間以内（経口と経皮。吸入は 4 時間）と明確にさ
れた。そして通俗的な「初期に現れる生物への悪影響」に比べても鮮明になった。
これも国連 GHS 文書により整合したといえよう。

- 皮膚腐食性 / 刺激性（Skin corrosion/irritation）

　皮膚腐食性は、化学品の 4 時間以内の皮膚接触で、皮膚に対して不可逆的な
損傷を発生させる性質。不可逆的な損傷は皮膚組織の破壊［表皮から真皮に至る
視認可能な壊死］として認識される。

　皮膚刺激性は、化学品の 4 時間以内の皮膚接触で、皮膚に可逆的な損傷を発
生させる性質。

- 眼に対する重篤な損傷性 / 眼刺激性（Serious eye damage/eye irritation）

　眼に対する重篤な損傷性は、眼の表面に対する化学品のばく露に伴う眼の組織
損傷又は重篤な視力低下で、ばく露から 21 日以内に完全には治癒しないものを
発生させる性質。

　眼刺激性は、眼の表面に化学品のばく露後に生じた眼の変化で、ばく露から
21 日以内に完全に治癒するものを発生させる性質。

- 呼吸器感作性又は皮膚感作性（Respiratory or skin sensitization）

　呼吸器感作性は、化学品の吸入によって気道過敏症を引き起こす性質。

　皮膚感作性は、化学品の皮膚接触によってアレルギー反応を引き起こす性質。

　なお、わが国独自に、新旧分類 JIS ともに「皮膚感作性」は「接触感作性（Con-
tact sensitization）ともいうと付記している。

　ところで、呼吸器感作性では免疫学的メカニズムを示す必要はなく、皮膚感作性
ではそれが必要である。それゆえに呼吸器と皮膚に分けている。感作性には 2 つの
段階があり、最初の段階はアレルゲンへのばく露による個人に特異的な免疫学的記
憶の誘導（induction）で、次の段階は惹起（elicitation）すなわちアレルゲンに
よって起こる細胞性または抗体性のアレルギー反応である。惹起段階のパターンは
呼吸器感作性も皮膚感作性も同じであるけれども、皮膚感作性では induction を必
要とするが、呼吸器感作性では必ずしも必要としない。

- **生殖細胞変異原性**（Germ cell mutagenicity）

次世代に受け継がれる可能性のある突然変異を誘発する性質。

なお、国連 GHS 文書改訂 7 版では「物質または混合物へのばく露後に起こる、生殖細胞における構造的および数的な染色体の異常を含む、遺伝性の遺伝子変異をさす。」とされている。

- **発がん性**（Carcinogenicity）

がんを誘発させる性質、又はその発生率を増大させる性質。

なお、国連 GHS 文書改訂 7 版では「物質又は混合物へのばく露後に起こる、がんの誘発又はその発生率の増加をさす。」とされている。

- **生殖毒性**（Reproductive toxicity）

雌雄の成体の生殖機能及び受精能力に対し悪影響を及ぼす性質及び子の発生に対し悪影響を及ぼす性質。

- **特定標的臓器毒性**（単回ばく露）（Specific target organ toxicity、single exposure）

単回ばく露によって起こる特定臓器に対する特異的な非致死性の毒性。

なお、単回ばく露は、可逆的もしくは不可逆的、または急性もしくは遅発性の機能障害をおこす可能性がある、全ての重大な健康への影響を含む。

- **特定標的臓器毒性**（反復ばく露）（Specific target organ toxicity、repeated exposure）

反復ばく露によって起こる特定臓器に対する特異的な非致死性の毒性。

なお、反復ばく露は、可逆的もしくは不可逆的、または急性もしくは遅発性の機能障害をおこす可能性がある、全ての重大な健康への影響を含む。

- **誤えん有害性**（Aspiration hazard）

誤えんの後、化学肺炎若しくは種々の程度の肺損傷を引き起こす性質、又は死亡のような重篤な急性の作用を引き起こす性質。

なお、JIS Z 7252：2014（旧分類 JIS）での呼称は「吸引性呼吸器有害性」であったが、その定義は新分類 JIS や国連 GHS 文書改訂 7 版と違わない。新分類 JIS の呼称がより一般的であろう。

2.2.1.3 環境有害性（Environmental hazard）[※3]

環境有害性に関した GHS 分類は、健康有害性と同様に既存データを利用する。その懸念点は、どんな既存データを利用するかである。わが国では純物質であれば

「政府向け GHS 分類ガイダンス」を、混合物であれば「事業者向け GHS 分類ガイダンス」を参照していれば信頼性が担保されている。

- **水生環境有害性**（Hazardous to the aquatic environment）

　化学品の短期的なばく露における水生生物に対する有害な性質、又は水生生物のライフサイクルに対応したばく露機関に水生生物に悪影響を及ぼす潜在的若しくは顕在的な性質。

　なお、国連 GHS 文書改訂 7 版では「化学品」ではなく「物質（Substance）」といっている。

- **オゾン層への有害性**（Hazardous to the ozone layer）

　モントリオール議定書の付属書に列記された、あらゆる規制物質、またはモントリオール議定書の付属書に列記された成分を、濃度 ≧ 0.1％で少なくとも一つ含むあらゆる混合物。

2.2.2　危険有害性の区分（Hazard Category）

　危険有害性の区分は、危険有害性の種類内をその深刻さ（Severity、重症度ともいう）に応じて分割したものである。区分番号の小さい方が深刻である。区分を細分する場合（Sub-category）もあるが、その付与記号（アルファベット）は若い方、例えば A と B ならば A の方が深刻である。

　区分番号や付与記号が表す概念を**図 2-1** に示した。この図中の「区分に該当しない」は新分類 JIS で用いられている呼称である。「区分に該当しない」の他に「分類できない」という用語もあるが、「分類できない」（Classification not possible）は危険有害性が深刻な場合がある。分類するためのデータが今は集まらなかったのに過ぎないのであって、科学の進歩などによってデータが増せば深刻になるおそれがある。一方、「区分に該当しない」（Not classified）は危険有害性の深刻さが低い。何らかの症状や物理化学的危険性を判定できる最低限界を超えていないことであって、例えば国連 GHS 文書の「急性毒性」は区分 5 まであるが JIS では区分 4

大 ◀ **深刻さ**（Severity、重症度、強度、危険有害性の程度） ▶ 小

危険有害性の区分				
区分1			区分2	区分3	・・・	区分に該当しない

区分1A	区分1B	区分1C	・・・

図 2-1：危険有害性区分と危険有害性の深刻さ

までなので、国連 GHS 文書の区分 5 に該当することを示すデータがあったとしても JIS では「区分に該当しない」となる。これらの用語の意味を**表 2-3** に示した。旧分類 JIS や国連 GHS 文書改訂 7 版も対照させた。

　全ての危険有害性の区分を**表 2-4** に示した。JIS Z 7252：2019 と国連 GHS 文書改訂 7 版では、「急性毒性」と「皮膚腐食性 / 刺激性」と「誤えん有害性」を除いては一致する。この一致しない箇所で先の「区分に該当しない」が見られることになるが、世界を見渡せば選択可能方式において、もっと多くの種類（Class）でこれが見られることになる。したがって、GHS 分類結果に用いられる「区分に該当しない」や「分類できない」の意味をしっかりと理解されたい。

　ついでながら UN_RTDG と GHS の絵表示もあわせて示した。その意図は、UN_RTDG の絵表示と GHS の絵表示が重なった場合には UN_RTDG 絵表示を用いる

第2章

表 2-3：危険有害性区分に当てはまらない GHS 分類結果の表現

国連 GHS 文書改訂 7 版		JIS Z 7252：2019	政府及び事業者向け GHS 分類ガイダンス（JIS Z 7252：2014）	解　説[注]
原文（英語）	邦訳版			
Classification not possible	分類できない	分類できない	分類できない	・各種の情報源及び自社保有データ等を検討した結果、GHS 分類の判断を行うためのデータが全くない場合 ・GHS 分類を行うための十分な情報が得られなかった場合
No classification	分類しなくてもよい	区分に該当しない	分類対象外	GHS 分類の手順で用いられる物理的状態又は化学構造が該当しないため、当該区分での分類の対象となっていない場合
Not classified	分類されない		区分外	・GHS 分類を行うのに十分な情報が得られており、分類を行った結果、JIS で規定する危険有害性区分のいずれの区分にも該当しない場合 ・発がん性など証拠の確からしさで分類する危険有害性の種類（クラス）において、専門家による総合的な判断から当該毒性を有さないと判断される場合
			分類できない	得られた証拠が区分に分類するには不十分な場合
				データがない、又は不十分で分類できない場合、判定論理においては分類できないと記されている場合もあるが、このような場合も含まれる場合がある

注）JIS Z 7252：2019 より

表 2-4：危険有害性の種類とその危険有害性区分

危険有害性の種類（Class）	危険有害性の区分（Category）			絵表示[注1]	
呼称（JIS Z 7252：2019）	国連 GHS 文書改訂 7 版	JIS Z 7252：2019	JIS Z 7252：2014	UN_RTDG[注2]	GHS
爆発物	不安定爆発物	不安定爆発物	不安定爆発物	輸送は不許可	
	等級 1.1	等級 1.1	等級 1.1		
	等級 1.2	等級 1.2	等級 1.2		
	等級 1.3	等級 1.3	等級 1.3		
	等級 1.4	等級 1.4	等級 1.4		
	等級 1.5	等級 1.5	等級 1.5		不要
	等級 1.6	等級 1.6	等級 1.6		
可燃性ガス	可燃性ガス 2	可燃性ガス 2	可燃性ガス 2	不要	不要
	可燃性ガス 1A	可燃性ガス 1	可燃性ガス 1		
	可燃性ガス 1B				
	自然発火性ガス	自然発火性ガス			
	化学的に不安定なガス A	化学的に不安定なガス A	化学的に不安定なガス A		
	化学的に不安定なガス B	化学的に不安定なガス B	化学的に不安定なガス B		
エアゾール	1	1	1		
	2	2	2		
	3	3	3		不要
高圧ガス	圧縮ガス	圧縮ガス	圧縮ガス		
	液化ガス	液化ガス	液化ガス		
	深冷液化ガス	深冷液化ガス	深冷液化ガス		
	溶解ガス	溶解ガス	溶解ガス		
酸化性ガス	1	1	1		
引火性液体	4	4	4	不要	不要
	1	1	1		
	2	2	2		
	3	3	3		
可燃性固体	1	1	1		
	2	2	2		
自己反応性化学品	タイプ A	タイプ A	タイプ A	輸送は不許可	
	タイプ B	タイプ B	タイプ B		

物理化学的危険性		タイプC	タイプC	タイプC		
		タイプD	タイプD	タイプD		
		タイプE	タイプE	タイプE		
		タイプF	タイプF	タイプF		
		タイプG	タイプG	タイプG	不要	不要
	自然発火性液体	1	1	1		
	自然発火性固体	1	1	1		
	自己発熱性化学品	1	1	1		
		2	2	2		
	水反応可燃性化学品	1	1	1		
		2	2	2		
		3	3	3		
	酸化性液体	1	1	1		
		2	2	2		
		3	3	3		
	酸化性固体	1	1	1		
		2	2	2		
		3	3	3		
	有機過酸化物	タイプA	タイプA	タイプA	輸送は不許可	
		タイプB	タイプB	タイプB		
		タイプC	タイプC	タイプC		
		タイプD	タイプD	タイプD		
		タイプE	タイプE	タイプE		
		タイプF	タイプF	タイプF		
		タイプG	タイプG	タイプG	不要	不要
	金属腐食性化学品	1	1	1		
	鈍性化爆発物	1	1			
		2	2			
		3	3			
		4	4			
健康有害性	急性毒性	1	1	1		
		2	2	2		
		3	3	3		
		4	4	4	不要	
		5				不要
	皮膚腐食性 / 刺激性	1A	1A	1A		
		1B	1B	1B		
		1C	1C	1C		

第2章

55

区分	有害性項目							絵表示	絵表示
健康有害性		2		2		2			
		3							不要
	眼に対する重篤な損傷性／眼刺激性	1		1		1			
		2A		2A		2A			不要
		2B		2B		2B			不要
	呼吸器感作性又は皮膚感作性	呼吸器感作性	1A	呼吸器感作性	1A	呼吸器感作性	1A		
			1B		1B		1B		
		皮膚感作性	1A	皮膚感作性	1A	皮膚感作性	1A		
			1B		1B		1B		
	生殖細胞変異原性	1A		1A		1A			
		1B		1B		1B			
		2		2		2			
	発がん性	1A		1A		1A			
		1B		1B		1B			
		2		2		2			
	生殖毒性	1A		1A		1A			
		1B		1B		1B			
		2		2		2			
		追加区分授乳に対する又は授乳を介した影響		授乳に対する又は授乳を介した影響の追加区分		追加区分授乳に対する又は授乳を介した影響			不要
	特定標的臓器毒性（単回ばく露）	1		1		1			
		2		2		2			
		3		3		3			
	特定標的臓器毒性（反復ばく露）	1		1		1			
		2		2		2			
	誤えん有害性	1		1		1			
		2							
環境有害性	水生環境有害性	短期（急性）	急性1	短期（急性）	1	急性1			
			急性2		2	急性2		不要	不要
			急性3		3	急性3			
		長期（慢性）	慢性1	長期（慢性）	1	慢性1			
			慢性2		2	慢性2			

		慢性3		3	慢性3		不要
		慢性4		4	慢性4	不要	
オゾン層への有害性	1			1	1		

注1) 国連 GHS 文書改訂 7 版附属書 1 から引用
注2) UN_RTDG

との規定（国連 GHS 文書改訂 7 版第 1.4 章 1.4.10.4.4）があるので、この絵表示関係を知っておく必要があると思われるからである。

　ところで、この表では GHS 分類基準（Classification criteria）までは示していない。それは成書である JIS Z 7252：2019 や国連 GHS 文書で確認されたい。なお、分類基準は各国で変更しないとの国際合意がある（国連 GHS 文書改訂 7 版第 1.3 章 1.3.2.2.（c）、第 1.1 章 1.1.3.1.5.4（b））。

2.3 関係国内法

　国際的に取り決められた GHS をわが国で実施する包括的法制度は存在しないが、「特定化学物質の環境への排出量の把握等及び管理の促進に関する法律」（化管法）の制定（1999（平成 11）年）と、それに続く「労働安全衛生法」（安衛法）の改正（2000（平成 12）年）によって立法化された。端的にいえば、安衛法が GHS ラベルを、化管法が SDS を担う。それは規制対象への義務や罰則から垣間見える。安衛法（GHS ラベルも SDS も義務）では GHS ラベルには罰則があっても SDS にはない。一方、化管法（SDS は義務）では SDS には罰則があるが、GHS ラベルには義務も課されていない。

2.3.1　GHS に基づくラベル（Workplace labelling）

　安衛法では容器または包装に「表示」されなければならないが、「表示」する事業者の定義は広い。安衛法の目的（第 1 条）「労働者の安全と健康を確保すること」および「快適な職場環境の形成を促進すること」を実行するのは事業者の責務であることに照らせば、当然である。つまり、労働者が化学品を取り扱う時には容器に GHS ラベルが付いているべきであり、労働者に取り扱わせる事業者も「表示事項を表示しなければならない」との告示[2]がある。

表 2-5：GHS ラベルを規定する国内法令

国連 GHS 文書改訂 7 版	安衛法令			指定化学物質等[注3] の性状及び取扱いに関する情報の提供の方法等を定める省令	
Information required（必要な情報）	事項	表示対象物[注1] ねばならない（罰則＝6 月以下の懲役又は 50 万円以下の罰金）	GHS 分類区分が付与された化学品全て[注2] 努めなければならない	事項	指定化学物質等 努めるものとする
GHS lable（GHS ラベル）	表示		則 第 24 条 の 14	表示	省令第 5 条
Pictograms（ピクトグラム）	標章	法第 57 条第 1 項第 2 号	則 第 24 条 の 14 第 1 項第 2 号	絵表示	省令第 5 条第 4 号
Signal words（注意喚起語）	注意喚起語	則 第 33 条第 2 号	則 第 24 条 の 14 第 1 項第 1 号ホ	注意喚起語	省令第 5 条第 6 号
Hazard statements（危険有害性情報）	人体に及ぼす作用	法第 57 条第 1 項第 1 号ロ	則 第 24 条 の 14 第 1 項第 1 号ロ	物理化学的性状、安定性、反応性、有害性及び環境影響	省令第 5 条第 2 号
	安定性及び反応性	則 第 33 条第 3 号	則 第 24 条 の 14 第 1 項第 1 号ヘ		
Precautionary statements（注意書き）	貯蔵又は取扱い上の注意	法第 57 条第 1 項第 1 号ハ	則 第 24 条 の 14 第 1 項第 1 号ハ	貯蔵又は取扱い上の注意	省令第 5 条第 3 号
Products identifier（製品特定名）	名称	法第 57 条第 1 項第 1 号イ	則 第 24 条 の 14 第 1 項第 1 号イ	名称	省令第 5 条第 1 号
Supplier identification（供給者の特定）	氏名、住所及び電話番号	則 第 33 条第 1 号	則 第 24 条 の 14 第 1 項第 1 号ニ	氏名、住所及び電話番号	省令第 5 条第 5 号

注 1)「別表第 9 に掲げる物」（安衛法施行令第 18 条第 1 号）、「別表第 9 に掲げる物を含有する製剤その他の物で、厚生労働省令で定めるもの（安衛則第 30 条）」（安衛法施行令第 18 条第 2 号）、「別表第 3 第 1 号 1 から 7 までに掲げる物を含有する製剤その他の物（同号 8 に掲げる物を除く）で、厚生労働省令で定めるもの（安衛則第 31 条）」（安衛法施行令第 18 条第 3 号）。通知対象物と同じ。

注 2)「JIS Z 7253 の定めにより危険有害性クラス、危険有害性区分及びラベル要素が定められた物理化学的危険性又は健康有害性を有するもの」（「安衛則第 24 条の 14 第 1 項及び第 24 条の 15 第 1 項の規定に基づき化学物質、化学物質を含有する製剤その他の労働者に対する危険又は健康障害を生ずるおそれのある物で厚生労働大臣が定めるもの」（平成 24 年 3 月 26 日付け厚生労働省告示第 150 号及び平成 28 年 4 月 18 日付け厚生労働省告示第 208 号））

注 3) 指定化学物質等とは、第 1 種指定化学物質又は第 2 種指定化学物質、第 1 種指定化学物質又は第 2 種指定化学物質を含有する製品（省令第 3 条第 1 号ヲ及びイ）。なお化管法では「法第 3 条第 1 項に指定化学物質等とは第 1 種指定化学物質等及び第 2 種指定化学物質等」、そして法第 2 条第 5 項第 1 号に第 1 種指定化学物質等とは第 1 種指定化学物質又は第 1 種指定化学物質を含有する製品、さらに法第 2 条第 6 項に第 2 種指定化学物質等とは第 2 種指定化学物質又は第 2 種指定化学物質を含有する製品」と定義されるが、定義内容は同じである。

「表示」方法は容器に直接印刷するか、印刷した票箋を貼付しなければならない（安衛則第 32 条）。ただし貼付が困難な場合は票箋を結び付ける（同条）、さらに票箋を結び付ける以外にも取り扱う場所（貯蔵を含む）に掲示する方法もある（告示[2]

第4条第4項)。

　「表示」は一目で見ることができ、安全対策が講じられているか否かについても分かる。厚生労働省は「ラベルでアクション」キャンペーンを行っていて、「労働者の安全と健康を確保する」ための安全対策の強化を推進している。

　「表示」で注目すべきは、安衛法令では罰則付きの義務にした表示対象物だけでなく、全ての化学品に対して「表示」を求めている点にある。地球上にあるものは全て化学物質でできているのだから、労働者が取り扱う化学品の容器や作業場所に必ず「表示」があるということになる。

　なお、「全ての化学品」はGHS分類できる化学品とのただし書が付くが、有害性のない化学物質は世の中に存在しないから、GHS分類できない化学品などなく、結局は「全ての化学品」が規制の対象なのである。しかしながら、いまだ有害性が分かっていない物質は多々あるので、「表示」がない化学品が市場に出回っていることは否定できない。このことは、有害性が分かった時にはすでに健康障害が進行していたことになりかねない。「表示」がない化学品を安全だと思って安全対策を講じなければ危ない。どのような安全対策を講じればよいかが分かる「表示」のある化学品の方がかえって安全な取扱いができる意識を変えるべきだろう。

　そして、納入された化学品を希釈したり、他と混ぜたりすれば、危険有害性が変化することがあるので、自らがGHS分類してGHSラベルを作成することも必要になる。

　これらの状況も踏まえ、安衛法の事業者責務（第3条）「単に安衛法で定める労働災害の防止のための最低基準を守るだけでなく、職場における労働者の安全と健康を確保するようにしなければならない」に照らし、本気で労働者の安全と健康を確保しようとしているのかが問われよう。

　ところで、安衛法令および化管法令の「表示」に「必要な情報」が国連GHS文書改訂7版とよく照応しているからといって、中身まで完全一致しているわけではない。

　絵表示、注意喚起語、危険有害性情報、注意書きといったGHSラベル要素はGHS分類結果によって機械的に定まる。つまり成分とその含有量によって定まる。

参考文献（2）
　安衛則第24条の16の規定に基づく、「化学物質等の危険性又は有害性等の表示又は通知等の促進に関する指針」（平成24年3月16日付け厚生労働省告示第133号及び平成28年4月18日付け厚生労働省告示第208号

図 2-2：「ラベルでアクション」リーフレット

GHS 分類に寄与する最低含有量（カットオフ値）が異なれば GHS 分類結果が変わり、そして GHS ラベル要素も変わる。

わが国の法令のカットオフ値と GHS のカットオフ値の考え方が違うために、わが国の GHS ラベルと国際的な GHS ラベルが異なることが起き、完全一致とはいえない。すなわち、わが国の法令は物質によって定められているのに対して、GHS は危険有害性の種類によって規定されている（国連 GHS 文書改訂 7 版第 1.5 章 1.5.3.1）。例えば、〇〇物質の含有量が 0.1% 以上 1.0% 未満の場合、GHS では "急

ワンポイントレッスン

・安全対策って何？

　近年、安全は伝統的な「物事が悪い方向へ向わない状態」といった定義から、「物事が正しい方向へ向うことを保証する」という新たな考え方に基づいた政策が打ち出されており、労働安全衛生分野にも取り入れられるだろう。

・Erick Hollnagel：Safety- I から Safety- II へ−レジリエンス工学入門−；オペレーション・リサーチ, Vol. 59, No. 8, pp.435-439, 2014

・内閣官房：国土強靱化（ナショナル・レジリエンス）；防災・減災の取組み, https://www.cas.go.jp/jp/seisaku/kokudo_kyoujinka/

性毒性"GHS カットオフ値は 1.0% 未満なので、○○物質に係る"急性毒性"GHS ラベル要素が「表示」されない。一方、安衛法令では○○物質のカットオフ値[3] は 0.1% 未満なので、○○物質に係る"急性毒性"GHS ラベル要素が「表示」される。（例：アクリルアミド）

　逆の例として、△△物質の含有量が 0.1% 以上 1.0% 未満の場合、GHS では"皮膚感作性"GHS カットオフ値は 0.1% 未満なので、△△物質に係る"皮膚感作性"GHS ラベル要素が「表示」される。一方、安衛法令カットオフ値は 1.0% 未満なので、△△物質に係る GHS ラベル要素はすべて「表示」されない、要するに△△物質に係る"皮膚感作性"GHS ラベル要素が「表示」されない。
（例：アセトアルデヒド）

　さらに、わが国の法令間でも同じようなことが起きる。例えば、毒物及び劇物取締法（毒劇法）令カットオフ値は原則設定されていない[4] ので、ほんのわずかにでも含有されていれば「毒物」が表示される。ちなみに毒劇法令には絵表示の規定がなく、文字で表示する。一方、安衛法令でもカットオフ値以下であれば「どくろ」絵表示は付かない。つまり「どくろ」がないにもかかわらず、「毒物」なのである。（例：水銀）

　これらのようなことがあったとしても、GHS ラベルの「一目で見ることができ、安全対策につなげる」との役割が果たせれば十分であろう。そもそも GHS の目的のひとつが「適正な防護対策を実施する」（国連 GHS 文書改訂 7 版第 1.1 章 1.1.1.1）であるから、GHS ラベルを契機に SDS で確認して適切な安全対策を講じる仕組みを持つことが重要なのである。

　わが国では毒劇法令の他に、GHS ラベルではない「表示」が求められる法令が多々ある。そういった法令の一部を下記に示した。容器包装に貼付されている票箋（ラベル）には多様な情報が含まれていることになるが、GHS ラベル要素を見つけ、

参考文献（3）
　安衛則「別表第 2（則第 30 条関係（名称等を表示すべき危険物及び有害物））」
　「表示」に関する安衛法令カットオフ値は物質ごとに個別に規定されている。なお「SDS」に関する安衛法令カットオフ値とは異なる。
参考文献（4）
　厚生労働省：毒物及び劇物取締法
　Q&A（http://www.nihs.go.jp/mhlw/chemical/doku/situmon/qa.pdf）
　毒劇法別表及び指定令の毒物劇物に該当する「□□を含有する製剤」とは、□□が意図的に添加されていれば、その濃度に関わらない。

安全対策を SDS で確認する手順に変わりはない。

　わが国で GHS ラベル要素以外の「表示」が求められる主だった法令（安衛法令と化管法令を除く）
- 毒劇法令
- 消防法令
- 高圧ガス保安法令
- 火薬類取締法令
- 船舶安全法令
- 航空法令
- 化学物質の審査及び製造等の規制に関する法律（化審法）関係法令

2.3.2　GHS に基づく SDS

　化管法は、国連 GHS 文書改訂 7 版の「項目」とよく照応している。ただし「危険有害性の要約」については化管法省令 [5] 文上は「危険性」を欠くように思われる、しかし化管法省令第 4 条第 1 項「JIS Z 7253 の「項目」記載方法に適合させること」を求めており、JIS Z 7253 に「危険性」が含められているので、その危惧はない。したがって、化管法令での「項目」は国連 GHS 文書改訂 7 版に一致するといえる。

　一方、安衛法令では「ばく露防止及び保護措置」、「環境影響情報」、「廃棄上の注意」、「輸送上の注意」の「項目」を欠く。言い換えれば、化管法令の「項目」すなわち GHS の「項目」があれば、安衛法の規定を満たす [6] ことを表す。

　ここで注目すべきは、化管法令では「指定化学物質等」に対して規定しているに過ぎず、安衛法令では義務の通知対象物だけでなく、全ての化学品に対して求めている点にある。このことは GHS ラベルの項（第 2 章 3 節 1 項）で述べた安衛法目

参考文献（5）
　化管法第 14 条各項及び第 21 条の規定に基づく、「指定化学物質等の性状及び取扱いに関する情報の提供の方法等を定める省令」平成 12 年通商産業省令第 401 号
参考文献（6）
　厚生労働省：化学物質対策に関する Q&A（ラベル・SDS 関係）（https://www.mhlw.go.jp/stf/seisakunitsuite/bunya/0000124297.html#HID8）
　A8. ラベルと SDS の作成については、GHS に対応した JIS 規格が制定されていますので、それによって作成することで労働安全衛生法の規定を満たすことになります。

表 2-6：SDS を規定する国内法令（毒劇法と JIS Z 7253[※4] の対照表は第 5 章を参照されたい）

国連 GHS 文書改訂 7 版		化管法 指定化学物質等[注1] の性状及び取扱いに関する情報の提供の方法等を定める省令		安衛法令		
Order（順序）	Heading（項目）	提供する情報の事項	指定化学物質等 ねばならない（罰則＝20 万円以下の過料）	通知する事項	通知対象物[注4] ねばならない（罰則無し）	GHS 分類区分が付与された化学品全て[注5] 努めなければならない
1	Identifuication（物質又は混合物及び会社情報）	○第 1 種指定化学物質又は第 2 種指定化学物質である場合	省令第 3 条第 1 号ア	名称	法第 57 条の 2 第 1 項第 2 号	則第 24 条の 15 第 1 項第 1 号
		・第 1 種指定化学物質又は第 2 種指定化学物質の名称	省令第 3 条第 1 号ア（1）			
		○第 1 種指定化学物質又は第 2 種指定化学物質を含有する製品である場合	省令第 3 条第 1 号イ			
		・当該製品の名称	省令第 3 条第 1 号イ（1）			
		○当該指定化学物質等取扱事業者の氏名又は名称、住所及び連絡先	省令第 3 条第 2 号	通知を行う者の氏名（法人にあっては、その名称）、住所及び電話番号	則第 34 条の 2 の 4 第 1 号	則第 24 条の 15 第 1 項第 7 号
2	Hazard（s）identification（危険有害性の要約）	当該指定化学物質等の有害性、環境影響（前 2 号に定める事項）の内容の要約	省令第 3 条第 12 号	危険性又は有害性の要約	則第 34 条の 2 の 4 第 2 号	則第 24 条の 15 第 1 項第 8 号
3	Composition/information on ingredients（組成及び成分情報）	○第 1 種指定化学物質又は第 2 種指定化学物質である場合	省令第 3 条第 1 号ア	成分及びその含有量[注6]	法第 57 条の 2 第 1 項第 2 号	則第 24 条の 15 第 1 項第 2 号
		・第 1 種指定化学物質又は第 2 種指定化学物質の第 1 種指定化学物質（特定第 1 種指定化学物質を除く）、特定第 1 種指定化学物質又は第 2 種指定化学物質 2 種指定化学物質の別	省令第 3 条第 1 号ア（2）			
		○第 1 種指定化学物質又は第 2 種指定化学物質を含有する製品である場合	省令第 3 条第 1 号イ			
		・当該製品が含有する第 1 種指定化学物質又は第 2 種指定化学物質の名称[注2]	省令第 3 条第 1 号イ（2）			
		・当該製品が含有する第 1 種指定化学物質（特定第 1 種指定化学物質を除く）、特定第 1 種指定化学物質又は第 2 種指定化学物質の別	省令第 3 条第 1 号イ（3）			
		・当該製品の質量に対する含有指定化学物質の第 1 種指定化学物質、特定第 1 種指定化学物質又は第 2 種指定化学物質量のそれぞれの割合[注3]	省令第 3 条第 1 号イ（4）			

※4

　JIS Z 7253 は国連 GHS 文書を翻訳したものなので、JIS に適合することは GHS に照応していることに等しい。

第2章

No.	項目	内容	省令		法・則	則
4	First-aid measures（応急措置）	当該指定化学物質等により被害を受けた者に対する応急措置	省令第3条第3号	流出その他の事故が発生した場合において講ずべき応急の措置	法第57条の2第1項第6号	則第24条の15第1項第6号
5	Fire-fighting measures（火災時の措置）	当該指定化学物質等を取り扱う事業所において火災が発生した場合に必要な措置	省令第3条第4号			
6	Accidental release measures（漏出時の措置）	当該指定化学物質等が漏出した際に必要な措置	省令第3条第5号			
7	Handling and storage（取扱い及び保管上の注意）	当該指定化学物質等の取扱い上及び保管上の注意	省令第3条第6号	貯蔵又は取扱い上の注意	法第57条の2第1項第5号	則第24条の15第1項第5号
8	Exposure controls/personal protection（ばく露防止及び保護措置）	当該指定化学物質等を取り扱う事業所において人が当該指定化学物質等に暴露されることの防止に関する措置	省令第3条第7号			
9	Physical and chmical properties and safety characteristics（物理的及び化学的性質）	当該指定化学物質等の物理的化学的性状	省令第3条第8号	物理的及び化学的性質	法第57条の2第1項第3号	則第24条の15第1項第3号
10	Stability and reactivity（安定性及び反応性）	当該指定化学物質等の安定性及び反応性	省令第3条第9号	安定性及び反応性	則第34条の2の4第3号	則第24条の15第1項第9号
11	Toxicological information（有害性情報）	当該指定化学物質等の有害性	省令第3条第10号	人体に及ぼす作用	法第57条の2第1項第5号	則第24条の15第1項第4号
12	Ecological information（環境影響情報）	当該指定化学物質等の環境影響	省令第3条第11号			
13	Disposal considerations（廃棄上の注意）	当該指定化学物質等の廃棄上の注意	省令第3条第13号			
14	Transport information（輸送上の注意）	当該指定化学物質等の輸送上の注意	省令第3条第14号			
15	Regulatory information（適用法令）	当該指定化学物質等について適用される法令	省令第3条第15号	適用される法令	則第34条の2の4第4号	則第24条の15第1項第10号
16	Other information（その他の情報）	当該指定化学物質等取扱事業者が必要と認める事項	省令第3条第16号	その他参考となる事項	則第34条の2の4第5号	則第24条の15第1項第11号

注1）「指定化学物質等とは、第1種指定化学物質又は第2種指定化学物質、第1種指定化学物質又は第2種指定化学物質を含有する製品」（化管法省令第3条第1項第1号ア及びイ）。
　　　また、化管法では「指定化学物質等とは第1種指定化学物質等及び第2種指定化学物質等」（化管法第3条第1項）、「第1種指定化学物質等とは第1種指定化学物質又は第1種指定化学物質を含有する製品」（化管法第2条第5項第1号）、「第2種指定化学物質等とは第2種指定化学物質又は第2種指定化学物質を含有する製品」（化管法第2条第6項）と定義されるが、定義内容は同じである。

注2）「当該製品の質量に対する当該含有指定化学物質に係る第1種指定化学物質又は第2種指定化学物質の質量の割合が1％以上のもの及び当該製品の質量に対する当該含有指定化学物質に係る特定第1種指定化学物質量の割合が0.1％以上のものに限る。」（化管法省令第3条第1項第1号ア）

注3）「省令第3条第1項第1号イ（4）に定める当該製品の質量に対する含有指定化学物質（当該製品が含有する第1種指定化学物質又は第2種指定化学物質）の第1種指定化学物質量、特定第1種指定化学物質量又は第2種指定化学物質量のそれぞれの割合は、当該割合の上位2けたを有効数字として算出した数値により記載するものとする」（化管法省令第4条第3項）

注4）「別表第9に掲げる物」（安衛法施行令第18条の2第1号）、「別表第9に掲げる物を含有する製剤その他の物で、厚生労働省令で定めるもの（安衛則第34条の2）」（安衛法施行令第18条の2第2号）、「別表第3第1号1から7までに掲げる物を含有する製剤その他の物（同号8に掲げる物を除く）で、厚生労働省令で定めるもの（安衛則第34条の2の2）」（安衛法施行令第18条の2第3号）。表示対象物と同じ。

注5）「JISZ7253の定めにより危険有害性クラス、危険有害性区分及びラベル要素が定められた物理化学的危険性又は健康有害性を有するもの」（「安衛則第24条の14第1項及び第24条の15第1項の規定に基づき化学物質、化学物質を含有する製剤その他の労働者に対する危険又は健康障害を生ずるおそれのある物で厚生労働大臣が定めるもの」（平成24年3月26日付け厚生労働省告示第150号及び平成28年4月18日付け厚生労働省告示第208号））

注6）安衛法第57条の2第1項第2号の事項のうち、成分の含有量については安衛法施行令別表第2第1号1から7までに掲げる物及び安衛法施行令別表第9に掲げる物ごとに重量パーセントを通知しなければならない。この場合における重量パーセントの通知は、10パーセント未満の端数を切り捨てた数値と当該端数を切り上げた数値との範囲をもって行うことができる」（安衛則第34条の2の6）

的に照らすことと同様に、「全ての化学品」のSDSが手にできるようにしているといえる。ただし、全ての化学品といっても消費生活用製品[7]は除かれる（告示[2]第3条第1項）。

　また、毒劇法は、「応急処置等を記載した書面を交付しなければならない」（毒劇法施行令第40条の6）や「毒劇物の性状及び取扱いに関する情報を提供しなければならない」（毒劇法施行令第49条の2）で定められ、「提供しなければならない情

参考文献（7）

　消費生活用製品安全法（消安法）第2条第1項「消費生活用製品とは、主として一般消費者の生活の用に提供される製品（別表に掲げるものを除く）という」と定義されている。

（別表）

1. 船舶安全法第2条第1項の規定の適用を受ける船舶
2. 食品衛生法第4条第1項に規定する食品及び同条第2項に規定する添加物並びに同法第62条第2項に規定する洗浄剤
3. 消防法第21条の2第1項に規定する検定対象機械器具等及び第21条の16の2に規定する自主表示対象機械器具等
4. 毒物及び劇物取締法第2条第1項に規定する毒物及び同条第2項に規定する劇物
5. 道路運送車両法第2条第1項に規定する道路運送車両
6. 高圧ガス保安法第41条に規定する容器
7. 武器等製造法第2条第2項に規定する猟銃等
8. 医薬品、医療機器等の品質、有効性及び安全性の確保等に関する法律第2条第1項に規定する医薬品、同条第2項に規定する医薬部外品、同条第3項に規定する化粧品、同条第4項に規定する医療機器及び同条第9項に規定する再生医療等製品
9. 前各号に掲げるもののほか、政令で定める他の法律の規定に基づき、規格又は基準を定めて、その製造、輸入又は販売を規制しており、かつ、当該規制によって一般消費者の生命又は身体について危害が発生するおそれがないと認められる製品で政令で定めるもの

　「一般消費者の生活の用に供される」とは、事業者又は労働者が、その事業又は労働を行う際に使用する場合以外のすべての場合　（消安法を所轄する経済産業省の解説：　https://www.meti.go.jp/product_safety/producer/point/02.html）

報の内容」は毒劇法施行規則（第 13 条の 12）で規定されている。毒劇法令では GHS「項目」の「危険有害性の要約」、「環境影響情報」、「適用法令」、「その他の情報」を欠くが、「毒物又は劇物の別」の事項が追加されている（通知 [8] 別添 2）。その追加事項を加えて、JIS Z 7253 に準拠すれば毒劇法令の規定を満たす（通知 [8] 3.(2)）。

　化管法令の「事項」、安衛法令の「事項」、毒劇法令の「情報の内容」が、国連 GHS 文書改訂 7 版の「項目」に照応しているからといって、中身まで一致しているわけではない。

　GHS ラベルの項（第 2 章 3 節 1 項）で述べたのと同様に、カットオフ値 [9] の違いによって SDS に記載されている安全対策が異なることが起き得る。つまり、GHS 分類結果によって機械的に決まる「注意書き（precautionary statement）」が、「応急措置」、「火災時の措置」、「漏出時の措置」、「取扱い及び保管上の注意」、「ばく露防止及び保護措置」、「廃棄上の注意」、「輸送時の注意」に割り振られるので、

参考文献（8）
　「毒物及び劇物取締法における毒物又は劇物の容器及び被包への表示等に係る留意事項について（通知）」（平成 24 年 3 月 26 日付け薬食化発 0326 第 1 号）
参考文献（9）
○ GHS は、危険有害性の種類毎に規定　　国連 GHS 文書改訂 7 版第 1.5 章 1.5.3.1
　・急性毒性、皮膚腐食性 / 刺激性、眼に対する重篤な損傷性 / 眼刺激性、生殖細胞変異原性（区分 2）、特定標的臓器毒性（単回ばく露、反復ばく露）、誤えん有害性、水生環境有害性
　　1.0%
　・呼吸器感作性又は皮膚感作性、発がん性、生殖細胞変異原性（区分 1）、生殖毒性
　　0.1%
○化管法は、物質群によって規定
　・第 1 種指定化学物質（PRTR 制度、化管法 SDS 制度の対象物質）
　　1%　　化管法施行令第 5 条
　・第 2 種指定化学物質（化管法 SDS 制度の対象物質）
　　1%　　化管法施行令第 6 条
　・特定第 1 種指定化学物質（第 1 種指定化学物質のうち、発がん性、生殖細胞変異原性及び生殖発生毒性が認められる物質）
　　0.1%　　化管法施行令第 5 条
○安衛法は、物質ごとに個別に規定　安衛則別表第 2
　注）「SDS」に関る安衛法令カットオフ値は、「表示」に関わる安衛法令カットオフ値とは異なる。
○毒劇法は、カットオフ値がない
　毒劇法別表及び指定令の毒物劇物に該当する「□□を含有する製剤」とは、□□が意図的に添加されていれば、その濃度に関わらない。　　厚生労働省：毒物及び劇物取締法 Q&A
　（http://www.nihs.go.jp/mhlw/chemical/doku/situmon/qa.pdf）

GHS 分類が鍵を握ることになる。しかしながら、SDS の内容は SDS 作成者に委ねられている部分が大きいので、GHS 分類結果によって安全対策が決まるとの断定まではできない。しかし大きなウエイトは占めるだろう。ところで、「注意書き」は英語（Precaution）の意味からしても、日本語では安全対策と捉えた方が近いと思う。

その安全対策が不足ないかを確かめるには、「組成及び成分情報」を元に GHS 分類を行ってみる手立てがあるが、全成分が開示されていなければ GHS 分類の確認のしようがない。現実的には無意味な手立てである。GHS は営業秘密情報（Confidential Business Information）の保護を保証[10]しているため、必ずしも成分が開示されているとは限らない。そして、成分開示を強いれば、不正競争防止法、独占禁止法、下請代金の支払遅延等防止法、政府契約の支払遅延防止等に関する法律などに抵触するおそれがある。

ただし、化管法「指定化学物質」、安衛法「通知対象物」、毒劇法「毒劇物」にリストアップされている物質は成分に含まれていれば開示されていなければならない。なお、SDS で開示する必要はない。このため、それらの物質を含有する混合物については「安全対策」の不足を確認できるかもしれない。といっても、規制対象物質だけで構成されている混合物はないだろうし、規制対象物質の他も開示されていなければ、GHS 分類結果の確認のしようがない。3 法の規制対象物質はそのために設定されたわけではない[※5]からである。

結局、GHS 分類については SDS 作成者の誠実さを信じるしかない。しかし、GHS 分類結果によって機械的に決まる「安全対策」は確認できる。確認の手立ては「GHS 混合物分類判定システム」を利用すればよい。

そもそも GHS が「適正な防護対策を実施する」ことを目的にしている。ゆえに、SDS は「適正な防護対策」を伝達するツールであって「化学品の危険有害性」の

参考文献（10）
　国連 GHS 文書改訂 7 版第 1.1 章 1.1.1.6（調和原則）（j）「所轄官庁の定めに従って、企業の営業秘密情報の保護を保証する」
参考文献（11）
　安衛法第 28 の 2 第 2 項の規定に基づく、「化学物質等による危険性又は有害性等の調査等に関する指針」（平成 18 年 3 月 30 日付け指針公示第 2 号）は平成 28 年 6 月 1 日廃止に。
　次に掲げる優先順位でリスク低減措置内容を検討の上、実施するものとする。
　ア　危険性若しくは有害性が高い化学物質等の使用の中止又は危険性若しくは有害性のより低い物への代替

正確さを求めるものではない。そのことを認識して SDS を活用する。すなわち、GHS ラベルを契機にした「安全対策」を SDS で確認することに尽きる。

　ところで、その機械的に決まる「安全対策」は具体性に欠く。国際協調による定型だからであるが、わが国では「対策シート」が提供されているので、具体策が分かるようになっている。参照することを勧める。また、消防法、高圧ガス保安法、安衛法、毒劇法などの「安全対策」も具体性を持った法規制がされているので、これも非常に参考になる。

厚生労働省「職場のあんぜんサイト」
　「作業別モデル対策シート」：
　　http://anzeninfo.mhlw.go.jp/user/anzen/kag/ankgc07_6.htm
　「コントロール・バンディングから出力される対策シート」：
　　https://www.mhlw.go.jp/stf/seisakunitsuite/bunya/0000148537.html

2.3.3　JIS Z 7253：2019　（情報 JIS）

　情報 JIS は国連 GHS 文書に基づくが、国連 GHS 文書が 2 年ごとに改訂されるために除々に齟齬（そご）が生じる。そして JIS 公示後 5 年の見直し時期を迎え、JIS Z 7253：2019（新情報 JIS）として 2019（令和元）年 5 月 25 日に改正された。これは JIS Z 7253：2012（旧情報 JIS）を置き換えるものであるが、旧情報 JIS に従った GHS ラベルや SDS は 2022（令和 4）年 5 月 24 日 までは通用する。

　新旧情報 JIS に大きな違いはないが、GHS ラベルや SDS を読む場合に特記すべき箇所を**表2-7**に整理した。

※ 5
○化管法の指定化学物質は、化管法の PRTR 制度（Pollutant Release and Transfer Register：化学物質排出移動量届出）によってわが国の自然環境への排出量を把握し、国連環境計画（United Nations Environment Programme：国連の機関で職員は 1000 人近い）に報告するために、第 1 種指定化学物質が対応する。また第 2 種指定化学物質を次期の候補としていつでも把握できるような状況におくとの意図があったといわれている。
○安衛法の通知対象物は、「職業性ばく露限界」が設定されているものに概ね一致する。成分名だけでなく含有量を求めるのは、対策の優先順位、すなわち、従前は物質代替を第 1 位に挙げていた [11] ので、含有量が必要であると考えたからかもしれない。
○毒劇法の毒劇物は、毒性が非常に強く少量でも身体を害す、又は引火性・爆発性が高く事故では大被害のおそれが著しい。さらに、わずかな含有であっても抽出濃縮して危害を与えかねない。すなわち偶発的な事故災害だけでなく、意図的な誤用・悪用の防止にも厳しい制限がかけられてきた（1912 年来）。ここに「取扱者の安全衛生の確保」だけでなく、消防法と同様に「安寧秩序の保持」が法の趣旨であると考えられる。したがって、成分に含まれる毒劇物の名称だけでなく含有量（原則カットオフ値はない）が開示されていなければならない。

表 2-7：JIS Z 7253：2019（新情報 JIS）と JIS Z 7253：2012（旧情報 JIS）の対照表

	JIS Z 7253：2019（新情報 JIS）		JIS Z 7253：2012（旧情報 JIS）
拠り所	国連 GHS 文書改訂 6 版		国連 GHS 文書改訂 4 版
	ISO 11014：2009		同左
化管法、安衛法、毒劇法との関係	［5.1　ラベル、作業場内の表示及び SDS による情報伝達の内容］ 「この規格以外に、特定化学物質の環境への排出量の把握等及び管理の改善の促進に関する法律、労働安全衛生法、毒物及び劇物取締法等の国内法令に規定が記載されている場合は、この規格に優先する」 を明記。		－
推奨用途及び使用上の制限	［附属書 D.2　化学品及び会社情報］には、 「推奨用途を記載することが望ましい。そして、使用上の制限について、安全の観点から可能な限り記載するのが望ましい」 に分離。	用途外の使用について担保しないことを注意喚起するため	［附属書 D.2　化学品及び会社情報］には、 「推奨用途及び使用上の制限を記載することが望ましい」
予見可能な範囲	［附属書 D.8　項目 7-取扱い及び保管上の注意］ 「当該化学品の性質を変えることで新たなリスクを生む取扱い方法がある場合は合理的に予見可能な範囲で記載する」 が追加。	国連 GHS 文書改訂 6 版に同調（例えば倉庫業者が見る場合も想定した混触危険性）	－
危険有害反応可能性	［附属書 D.11　項目 10 －安定性及び反応性］ ・避けるべき条件［熱（特定温度以上の加熱など）、圧力、衝撃、静電放電、振動、他の物理的応力など］ ・使用、保管、加熱の結果生じる既知の予測可能な有害な分解生成物 に改正。	過加熱による事故多発を踏まえ、「加熱温度の上限」を注意喚起するため	［附属書 D.11　項目 10 －安定性及び反応性］ ・避けるべき条件（静電放電、衝撃、振動など） ・通常発生する一酸化炭素、二酸化炭素及び水以外に予想される危険有害な分解生成物
予見可能な誤使用	削除	国連 GHS 文書改訂 6 版に同調（化学的安定性、危険有害反応可能性、避けるべき条件、混触危険、危険有害な分解な分解生成物などに記載）するため	［附属書 D.11　項目 10 －安定性及び反応性］ 合理的な予見可能な誤使用
遺伝毒性と変異原性	［附属書 D.12　項目 11 －有害性情報］ 旧情報 JIS に加えて「発がん性の小項目に記載してもよい」 が追加。	遺伝毒性（動物実験）や変異原性試験（試験管実験）の結果は発がん性と生殖細胞変異原性の両方に関係するため	［附属書 D.12　項目 11 －有害性情報］ 「体細胞を用いる in vivo 遺伝毒性試験又は in vitro 変異原性試験のデータを記載する場合には、生殖細胞変異原性の小項目に記載する」

第２章

混合物の有害性	[附属書 D.12　項目 11 －有害性情報] 「混合物の場合、各有害性クラスついて、混合物としての毒性情報と GHS 分類とを記載する。混合物全体として試験されていない場合、又は評価するにたる情報が得られない場合は成分についての毒性情報と GHS 分類とを記載する。混合物としての分類には、GHS が規定する混合物の分類方法を使用する。情報が得られない等の場合はその旨を記載する」 に改正。	国連 GHS 文書改訂 6 版に同調するため。 混合物としての有害性を第 1 義。混合物としての評価にたる情報が得られない場合が第 2 義。そして例えば「GHS 混合物分類判定システム」を用いても困難な理由を記すよう喚起するため	[附属書 D.12　項目 11 －有害性情報] 「混合物の場合、混合物全体として健康への影響について試験されていない場合には、それぞれの成分についての情報を提供することが望ましい」
廃棄上の注意	[附属書 D.14　項目 13 －廃棄上の注意] 「環境に配慮し、空容器 / 包装等をリサイクルすることが望ましい場合は、適宜その旨記載することが望ましい」 が追加。	国連 GHS 文書改訂 6 版に同調するため	－
性質 / 安全特性などの注釈	[附属書 E　基本的な物理的及び化学的性質並びに物理的危険性クラスに関連するデータ] が追加。	国連 GHS 文書改訂 6 版に同調、及び JIS Z 7252（分類 JIS)と整合化するため	
GHS ラベル貼付が困難な場合	[附属書 F　小さな容器への表示例について] が追加。	本文内には明記されていたが、例示によって分かりやすくするため	－

　なお、情報 JIS は、正式名称「GHS に基づく化学品の危険有害性情報の伝達方法－ラベル、作業場内の表示及び安全データシート（SDS）：Hazard communication of chemicals based on GHS Labelling and Safety Data Sheet（SDS）」であり、JIS Z 7252（分類 JIS）と対をなす。

　GHS ラベルや SDS を読む時に知っていると役立つと思われる箇所を拾い上げた。旧情報 JIS によるものと新情報 JIS によるものがしばらく混在する（猶予措置に基づく 3 年間）ので、記載されている事柄への考え方の大きな違いに注目した。

　ついで、情報 JIS には下記の注釈がある。

- 「項目」が、わが国の個別法令と一致しない場合はわが国の法令が優先される。
- SDS（GHS）で規定するカットオフ値を下回っても、わが国の法令で定める値を超える場合は情報 JIS で規定する記載事項が SDS に記載されている。
- 消防法、毒劇法などのわが国の法令によって、GHS ラベルとは異なる表示が義務付けられている。
- わが国において、化学品の GHS ラベルおよび SDS は日本語で記載されていな

ければならない。

2.3.4　商法等

商法及び国際海上物品運送法（国際海運法）が改正（2019（平成31）年4月1日施行）された。陸上・海上・航空の運送に係り、改正は200ヵ条超にも及ぶ。特に、「荷送人は、運送品が引火性、爆発性その他の危険性を有するものであるときは、その引渡しの前に、運送人に対し、その旨および当該運送品の品名、性質その他の当該運送品の安全な運送に必要な情報を通知しなければならない」（商法第572条）が新設され、危険物に関する通知義務を荷送人が負う（民法第415条）。つまり、荷送人は不注意であろう（帰責事由にならない）が、なかろう（そもそも知らせなかった）が、安全な運送に必要な情報を知らせず事故が発生した場合、損害賠償を請求されると考える必要がある。

ところで、商法の危険物は、消防法などの特別法とは異なり、商法は六法という一般法であるため、抽象的な「引火性、爆発性その他の危険性を有するもの」という定義に留まる。また同様に「安全な運送に必要な情報」も同様である。さらに「引渡しの前」も抽象的で「運送人が危険な状態、危険物であることを知らないでそれを持っているという状態がないようにするという趣旨」[12-1] である。

今後、実際の法適用を通じて新たな解釈がなされると思うが、危険物／情報の範囲も無限定なので荷送人にとっては相当不利な状況にある。これは、法の趣旨が、ひとえに「運送人の被害の救済に資する」[12-2] ことにあるからであろう。しかし、これらの規制に対して、荷送人が相当の注意を尽くし、故意・過失がないことを立証すれば問題なかろう。例えば、「荷送人が当該物質を国際海上危険物規程（International Maritime Dangerous Goods Code）[13] 等を通じて分類判定しなければならない」[14] との荷送人控訴審判決が参照になるだろう。その判決にある「等」を捉えてSDSによる情報提供を加えたならば「相当の注意を尽くす」ことになるかもしれない。

なお、運送人は、陸上運送、海上運送又は航空運送の引受けをすることを業とす

参考文献（12）法制審第16回会議（2015年11月11日）答弁
　1.「引渡前もしくは事後に運送人が知ったあるいは知る機会がなかったなどは、責任を因果関係や過失相殺の中で阻却する段階で適切に考慮されるものである」
　2.「運送人は客観的に運送品が危険物であることと、荷送人から通知がないことにより損害が発生したことを主張立証すれば足り、現行法よりも運送人の被害の救済に資する」

る者とされ、3者共通規定となった（商法第569条第1号）。さらに、陸上運送は陸上[15]における物品又は旅客の運送（第2号）、海上運送は船舶[16]による物品又は旅客の運送（第3号）、航空運送は航空機[17]による物品又は旅客の運送（第4号）とされ、商法はまさしくすべての運送営業に共通する総則となった。

2.3.5　イエローカード（緊急連絡カード）

黄色の緊急連絡カード（イエローカードと呼ぶ）は化学品の輸送（保管や付随する荷役を含む）時の事故における、運転手や公設消防・警察などの関係者が講ずるべき処置を明記した文書のことで、前述の荷送人が「危険物に関する通知」を担えるツールのひとつと考えられるものである。なお、わが国の消防法、毒劇法、高圧ガス保安法、火薬類取締法、道路法、廃棄物の処理及び清掃に関する法律、PCB廃棄物の適正な処理の推進に関する特別措置法などには、運送人に対する危険物情報の提供云々のくだりがあり、毒劇法及び高圧ガス保安法では書面の携行を求めている。ただし、これらに対応するためのイエローカードは自律的（voluntary）なものである。

イエローカードは緊急時応急措置指針（Emergency Response Guidebook）[18]を参照し、A4判1枚（表/裏）の用紙に講ずるべき処置が簡潔に記載されているも

参考文献（13）楠元純一郎：荷送人の危険物通知義務の法意：東洋法学 61.3, 2018.3 国際海上危険物規程（International Maritime Dangerous Goods Code）は、UN_RTDG を取り入れた海上輸送の際の容器、包装、標札、積載方法等の規定で、SOLAS 条約（海上人命安全条約、The International Convention for the Safety of Life at Sea）に基づく強制要件である。わが国においても強制されている。

参考文献（14）東京高判平成 25・2・28 判例時報 2181

参考文献（15）楠元純一郎：荷送人の危険物通知義務の法意：東洋法学 61.3, 2018.3 旧商法は、湖川港湾も陸上に含まれ、平水区域とされる瀬戸内海も湖川港湾に含まれてしまうため瀬戸内海運行に海上運送規制は及ばなかった。しかし湖川港湾が削除され単に「陸上」のみとなり、湖川港湾は「海上輸送」に整理された。

参考文献（16）商行為をする目的で航海の用に供する船舶。航海船と非航海船による運送が含まれ、従前より適用範囲が広がっている。

商法第 684 条の規定「商行為をする目的で航海の用に供する船舶」及び

商法第 747 条の規定「商行為をする目的で専ら湖川、港湾その他の海以外の水域において航行の用に供する船舶（「非航海船」という）

参考文献（17）航空法第 2 条第 1 項「航空運送」が新設。

参考文献（18）米国、カナダ、メキシコの 3 国でまとめたもので、米国運輸省（United Sates Deportment of Transportation）のサイトからダウンロードできる。なお、日本語版は日本規格協会から発行されている。

緊急時応急措置指針：https://www.phmsa.dot.gov/hazmat/erg/emergency-response-guidebook-erg

のである[19]。

表面：該当法規、危険有害性、乗務員が行う措置（公設消防隊員／警察官等が到
　　　　着するまでの措置＝応急措置、緊急通報、緊急連絡）

裏面：公設消防隊員等が行う災害拡大防止措置

　緊急時応急措置指針では、危険物をUN_RTDG分類によって整理し、それに対
応する応急措置が63の指針としてまとめられている。その一例を**図2-3**に示した。
左側頁は安全に関する情報を、右側頁は緊急時の措置の手引き・活動・応急手当、
事故に対する特別な注意の概説と推奨事項も示されている。

第2章

参考文献（19）わが国でのイエローカードの作成や運用方法は、「物流安全管理指針」（日本化学工業協
会発行）が参考になろう。また、「PCB廃棄物収集・運搬ガイドライン」（環境省発布）などの所轄省
庁が発布「ガイドライン／マニュアル」の中の作成や運用方法も参考になろう。

指針番号 131　引火性液体－毒性

潜 在 危 険 性

健康

- ・**毒性；吸入、摂取や皮膚からの吸収により、致命的となるおそれがある。**
- ・吸入や接触により、皮膚や眼に刺激や炎症を起こすおそれがある。
- ・火災時に刺激性、腐食性および／または毒性のガスを発生するおそれがある。
- ・蒸気はめまいや窒息を引き起こすおそれがある。
- ・消火水や希釈水が汚染を引き起こすおそれがある。

火災・爆発

- ・**きわめて燃えやすい。熱、火花、火炎で容易に発火する。**
- ・蒸気は空気と爆発性混合気を形成する。
- ・蒸気が着火源まで達し、発火するおそれがある。
- ・多くの蒸気は空気より重く、地面に沿って広がり、低いあるいは密閉された場所（下水道、地階、タンク）にたまる。
- ・屋内、屋外または下水溝中で蒸気爆発のおそれがある。
- ・Ｐと明示された物質は、熱せられたり火災に巻き込まれると、爆発的に重合するおそれがある。
- ・下水溝に流れ込むと、火災・爆発のおそれがある。
- ・加熱により、容器が爆発するおそれがある。
- ・多くの液体は水より軽い。

公 共 の 安 全

- ・**まず、送り状記載の応急措置照会先に電話する。送り状がない場合や応答がない場合、関連機関として記載の適当な照会先に電話する。**
- ・予防策として、直ちにすべての方向に適切な距離を漏洩区域として立入禁止とする。
- ・関係者以外は近づけない。
- ・風上、高所および／または上流に留まる。
- ・立ち入る前に密閉された場所を換気する。

保護衣

- ・空気式呼吸器（SCBA）を着用する。
- ・製造者により特に推奨された耐薬品用保護衣を着用する（耐熱性がないおそれがある）。
- ・防火服は火災時に限られた防護をするに過ぎない。直接に触れるおそれがある漏洩時には効果はない。

避難

漏洩時

- ・必要により、風下に適切な初期隔離距離をとる。

火災時

- ・タンク、貨車あるいはタンク車が火災に巻き込まれた場合は、すべての方向に、適切な隔離距離と適切な初期避難距離をとる。

198

図 2-3：ERG 2016 の指針例

ERG 2016	引火性液体－毒性	指針番号 131

緊急時の措置

火災時

警告：これらすべての物質は引火点が極めて低い；消火の効果がないおそれがある場合は散水を行う。

小火災・粉末消火剤、二酸化炭素、水の散布、耐アルコール泡消火剤を用いる。

大火災・散水、水噴霧または耐アルコール泡消火剤を用いる。

・危険でなければ、容器を火災区域から移動する。

・消火水をせき止め、後で廃棄する；物質を拡散させてはいけない。

・散水または水噴霧を用い、棒状注水してはいけない。

タンク火災あるいは車／トレーラーの積荷火災

・消火活動は、有効に行える最も遠い距離から、無人ホース保持具やモニター付きノズルを用いて消火する。

・消火後も大量の水を用いて容器を冷却する。

・安全弁から音が発生したり、タンクが変色したときは直ちに避難する。

・火災に巻き込まれたタンクから常に離れる。

・大火災の場合は、無人ホース保持具やモニター付きノズルを用いて消火する；これが不可能な場合にはその場所から避難し、燃えるままにしておく。

漏洩時

・漏洩しても火災が発生していない場合、密閉性が高い、不浸透性の保護衣を着用する。

・すべての着火源を取り除く（現場での喫煙、火花や火炎の禁止）。

・漏洩物を取り扱うとき、用いるすべての設備は接地する。

・漏洩物に触れたり、その中を歩いたりしない。

・危険でなければ、漏れを止める。

・排水溝、下水溝、地下室や閉鎖場所への流入を防ぐ。

・蒸気抑制泡は蒸気濃度を低下させるために用いる。

少量の漏れ

・乾燥した土、砂や不燃材料で吸収させ、あるいは覆って容器に移す。後で廃棄する。

・吸収したものを集めるとき、きれいな帯電防止工具を用いる。

大量の漏れ

・液体漏洩物の前方にせきを作り、後で廃棄する。

・散水は蒸気濃度を低下させる；しかし、密閉空間では発火を防止できないおそれもある。

応急手当

・医師が暴露物質名を知り、防護のための注意を払うことを確認する。

・被災者を新鮮な空気の場所に移す。

・救急車を呼ぶ。

・呼吸が停止しているときは、人工呼吸を行う。

・**被災者が（有害）物質を飲み込んだり、吸入したときは、口対口法を用いてはいけない；逆流防止のバルブがついたポケットマスクや他の適当な医療用呼吸器を用いて、人工呼吸を行う。**

・呼吸困難のときは、酸素吸入を行う。

・汚染された衣服や靴を脱がし、隔離しておく。

・漏洩物に触れたときは、直ちに流水で皮膚あるいは眼を最低15分間洗浄する。

・石鹸と水で皮膚を洗う。

・火傷したときは、直ちに患部を冷水でできるだけ長く冷やす。患部に衣類が張り付いていれば、脱がさない。

・被災者を安静にして、温める。

・物質への暴露（吸入、摂取、皮膚接触）の影響が遅れて現れることがある。

199

出典：田村昌三監訳，日本化学工業協会編集「ERG 2016 版緊急時応急措置指針　容器イエローカードへの適用」
日本規格協会．2017．

第3章

ラベルの読み方

ラベルのあらましから、活用までを解説する。

□ラベルとは何か

□ラベルから安全対策へどのように結び付けるのか

容器・包装に貼付されている"はり札"、"はり紙"、"付箋"、"荷札"などがラベルであるが、貼り付ける紙のようなステッカーもこれに近い。伝える情報が盛りだくさんなことが多く、その多様な情報の中から「GHSラベル」を拾い上げるのが、一番初めに必要となる手順である。

⬡ 3.1　GHSラベルのあらまし

　GHSラベルは、「化学品の危険有害性に関する情報を取り扱う人に伝えることによって、適正な防護対策を実施し、ばく露を管理し、もって人々と自然環境を保護するためのツールである」（国連GHS文書改訂7版第1.1章1.1.1「目的」より）。GHSラベルに表記する情報は国際的に取り決められ、GHSラベル要素（Label element）であるシンボル（Symbol）[1]、注意喚起語、危険有害性情報、注意書きの他に、化学品の名称、供給者名・住所・電話番号とされている（国連GHS文書改訂7版第1.4章（危険有害性に関する情報の伝達：表示）。わが国では、この8項目そのままにJIS Z 7253に落とし込まれている（図3-1）。なお、海外品ではそのままでないこともあるので、わが国でそれを手にした時には気を付けたい。例えば、オーストラリアなどは化学品の名称、供給者名・電話番号、絵表示といった最小限GHSラベルを採用している。

　「最小限GHSラベル」に見られるように、絵表示はGHSラベルの根幹である。絵表示の意味していることに関する知識がないと始まらない。絵表示は化学品の危険有害性を表現しているものであるが、危険有害性が視認できるだけに留まらず、それに照応した安全対策と結び付いているので、絵表示を見てどんな防護対策を講じるのがよいかの知識も必要である。

※1：国連GHS文書改訂7版第1.2章（定義及び略語）
　・ピクトグラム（Pictogram、絵表示（化管法）、標章（安衛法）、絵文字（消防法））
　　シンボルにグラフィック要素（境界線、背景パターン、色）を加えた構図（graphical composition=visual art）
　・シンボル（Symbol）
　　情報を視覚属性[1]（色、形、空間位置、動き）に割り当てた図形（graphical element）

参考文献（1）
　地道正行ら：可視化におけるグラフィック特性の認知に関する考察. 商学論研, 63（1）, pp.39-53, 2015

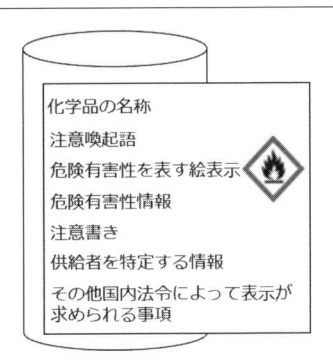

容器に貼付した例

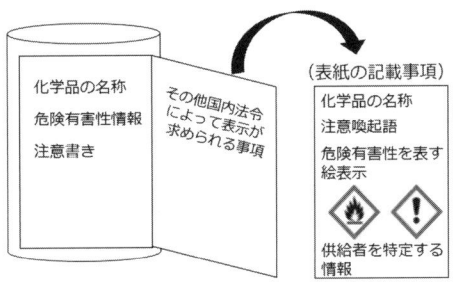

容器の内側にも記載した例

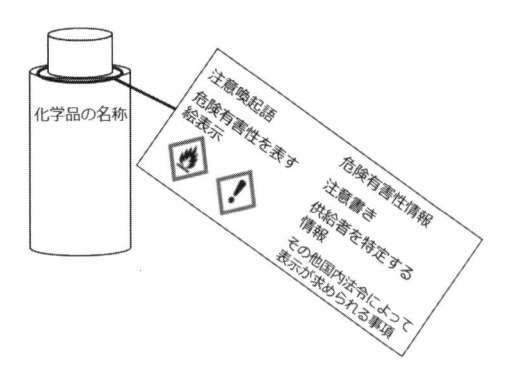

票箋をしばり付けた例

図 3-1：GHS ラベル貼付例

出典：JIS Z 7253：2019 を元に作成

3.1.1 危険有害性

　まず、化学品の危険有害性（hazard）についてであるが、わが国では危険性と有害性に分けるのに対して、国連 GHS 文書は Hazard を物理化学的（Physical）、健康（Health）、自然環境（Environmental）の 3 科目（subject）に分けている。ここでの健康（Health hazard）と環境（Environmental hazard）は毒性（toxicity）[2]に近い。「毒性」ではなく Hazard を用いるのは、「毒性」には生体（人体）に対する言葉のイメージが強く、生態（水生生物やオゾン層）に対して使うオゾン層毒性

79

では馴染みがないためであろう。

　ところで、わが国の「ハザード」には多様な幅広い意味があるので、化学品安全の文脈に限っては「hazard」に「危険有害性」の訳語をあてるのが常とう化して

表 3-1：GHS 絵表示から見る化学品の危険有害性の種類・区分（第 2 章表 4「危険有害性の種類とその危険有害性区分」の別視点）

	GHS 絵表示	危険有害性の種類（Class）と区分（Category）[注]	
物理化学的危険性	爆弾の爆発	爆発物（等級 1.1 ～ 1.4） 自己反応性化学品（タイプ A ～ B） 有機過酸化物（タイプ A ～ B）	
	炎	可燃性ガス（可燃性ガス区分 1、 自然発火性ガス、化学的に不安定なガス） エアゾール（区分 1 ～ 2） 引火性液体 可燃性固体 自己反応性化学品（タイプ B ～ F）	自己発火性液体 自己発火性固体 自己発熱性化学品 水反応可燃性化学品 有機過酸化物（タイプ B ～ F） 鈍性化爆発物
	円上の炎	酸化性ガス 酸化性液体 酸化性固体	
	ガスボンベ	高圧ガス	
健康有害性	腐食性	金属腐食性化学品 ------------------ 膚腐食性 / 刺激性（区分 1） 眼に対する重篤な損傷性 / 眼刺激性（区分 1）	
	どくろ	急性毒性（区分 1 ～ 3）	
	健康有害性	呼吸器感作性（区分 1A、1B） 生殖細胞変異原性 発がん性 生殖毒性（区分 1 ～ 2）	特定標的臓器毒性（単回ばく露）（区分 1 ～ 2） 特定標的臓器毒性（反復ばく露）（区分 1 ～ 2） 誤えん有害性（区分 1 ～ 2）
	感嘆符	皮膚腐食性 / 眼刺激性（区分 2） 眼に対する重篤な損傷性 / 眼刺激性 （区分 2A） ------------------ オゾン層への有害性	皮膚感作性（区分 1A、1B） 特定標的臓器毒性（単回ばく露）（区分 3）
環境有害性	環境	水生環境有害性（短期（急性））（区分 1） 水生環境有害性（長期（慢性））（区分 1 ～ 2）	

注）括弧に区分を示した。その記載がない種類（クラス）は全区分が該当することを示す。

参考文献（2）
　「化学物質が生体に取り込まれ、吸収、分布、代謝、排泄の過程で、母化合物やその代謝物が生体成分と相互作用することによって引き起こされる生体（時に生態系）にとって不都合な、好ましくない反応」（日本毒性学会）

いる。とはいえ、国連 GHS 文書邦訳版や JIS Z 7252/JIS Z 7253 では、Physical hazard は「物理化学的危険性」、Health hazard は「健康有害性」、Environmental hazard は「環境有害性」の訳語があてられているように厳密ではない。わが国では「危険有害性」よりも、「危険性」や「有害性」とした方が人口に膾炙（かいしゃ）しているからであろう。しかし「危険性」や「有害性」の定義[3] に照らすと、「健康有害性」には急性毒性、「環境有害性」には急性水生毒性のような時間軸の短いものが含まれ、違和感はある。

したがって、用語の字面から理解するのではなく用語は記号と捉え、その意味を設定した原著／原典にさかのぼるべきである。

しかし、GHS ラベルには「危険有害性」用語の代わりに、危険有害性の種類・区分に対応した絵表示という記号が表記される。GHS 絵表示を見れば、どんな危険有害性の種類・区分を表しているかが分かる（**表 3-1**）が、GHS ラベル作成者に向けたこの表では GHS ラベルを読む者にとって覚えなければならないことが多すぎる。端的には、どんな安全対策を講じるべきかが重要なので、絵表示と安全対策をつなぐイメージで整理した方が重宝であろう（**図 3-2**）。安全対策については、SDS や自社の標準作業手順書（Standard Operating Procedures）などを参照する

第3章

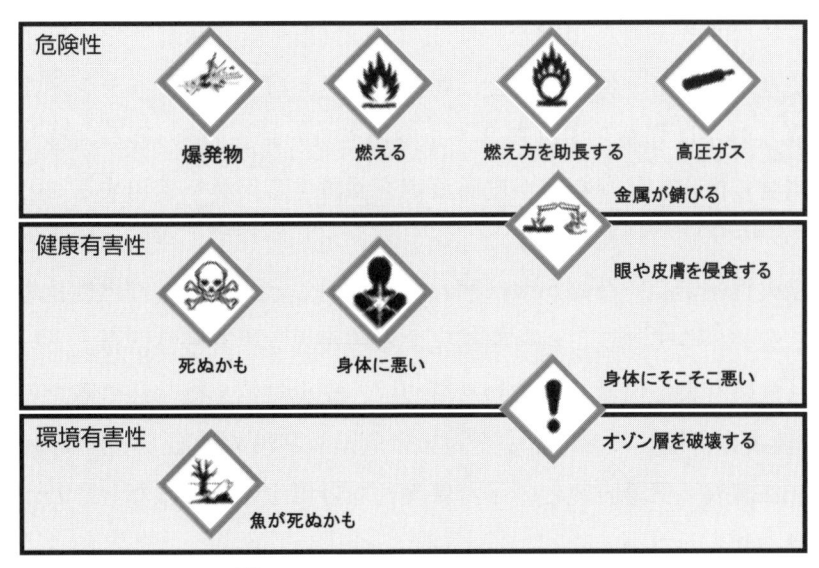

図 3-2：GHS 絵表示のイメージ

参考文献（3）櫻井治彦「化学物質の毒性とその発現」『作業環境』36（2），59-63, 2015
・危険性＝比較的短時間に危害を起こさせる性質（爆発、火災などのように）
・有害性＝長時間かかって危害を起こさせる性質（慢性毒性や発がん性のように）

ことになるが、自身の知識の中にある安全対策と結び付けば初期の役目は果たせたといえよう。ただし、GHS 絵表示は有用であるが誤解することがあり得るので、安全対策に結び付く教育訓練が必須であり、SDS などを参照して確かめる習慣を身に付けることは言うまでもない。

さらに化学品の危険有害性について、わが国では「注意喚起語」と「危険有害性情報」も表記されている。

「注意喚起語（Signal word）」では、「危険（Danger）」と「警告（Warning）」のいづれかが表記され、化学品の危険有害性がより深刻なものが「危険」である。表記される「注意喚起語」は、化学品を GHS 分類した結果の危険有害性の種類・区分の中から最も深刻なものが 1 つ選ばれている。つまり、最も深刻な危険有害性をもってして防護対策を講じるよう促していると考えられる。なお、わが国では「危険」や「警告」がなくても毒劇法令によって「毒物」が表記されることがあり得る。

「危険有害性情報（hazard statement）」は、危険有害性の種類・区分に対応し国連 GHS 文書によって規定された世界共通の文言（Statements）である。わが国ではその H コード（Hazard statement codes）を JIS で日本語に訳している。なお危険有害性の種類・区分に対応するといっても、同じ H コードが割り振られているものもあるので 1 対 1 対応ではない。とはいえ GHS 絵表示だけで、化学品の危険有害性と安全対策を結び付けることは難しい。例えば「腐食性」シンボルでは金属なのか皮膚なのかは分からず（表 3-1 を参照されたい）、他の容器に移し替えないこと（金属腐食性化学品）なのか皮膚薬傷を保護する用具を着用すること（皮膚腐食性）なのかを区別つけ難い。また「炎」シンボルを見て、空気に触れさせないこと（自然発火性化学品）なのか水に触れさせないこと（水反応可燃性化学品）なのかを区別し難い。つまり、これらを補完するのが「危険有害性情報」といえ、GHS 絵表示と「危険有害性情報」をあわせ読めば、安全対策を絞り込めるだろう。

なお、「健康有害性」における安全対策は危険有害性の種類・区分にかかわらず、保護手袋／保護衣／保護眼鏡といった保護具を着用することになる。わが身を守る最後の砦はこれしかない。

危険有害性の種類・区分に照応した H コードの詳細は JIS Z 7253：2019 附属書 B を参照されたい。

3.1.2 注意書き

GHS ラベルの「注意書き（Precautionary statements）」は、安全対策（Prevention）、応急措置（Response）、保管（Storage）、廃棄（Disposal）の観点における被害の防止や最小化のための予防策の一部である。この「注意書き」は、危険有害性の種類・区分に対応し国連 GHS 文書によって規定された世界共通の文言（Statements）である。わが国ではその P コード（Precautionary statement codes）を JIS で日本語に訳しており、詳細は JIS Z 7253：2019 附属書 C を参照されたい。

P コードは世界で完全に調和されたものではない。完全ではない理由はおそらく P コードの使用方法にあると思われる。例えば P コードを羅列しただけでは文意の誤解やその土地の言語との違和感もあるだろうから、そのことを認めて同義語の使用、P コードの結合や統合、空間の節約などといった警句を読みやすくすることが許容されている。さらに安全助言が弱まったり損なわれたりしないかぎり P コードと多少異なってもよいとさえ許容している。こういった柔軟な P コードの使用方法は、第一義の予防責任は国や政府ではなく化学品の供給者や使用者であって、企業の自発的取組み（voluntary initiative）が中心であるとの思想[4] が根底に流れているからであろう。

なおわが国では法令で表示しなければならない警句、例えば毒劇物法令では「眼に入った場合は、直ちに流水でよく洗い、医師の診断を受けるべき」との定型文が定められており、P コードよりも優先される。また自発的取組みを踏まえ、化学品の供給者は自主的に警句を加えていることもある。

GHS ラベルの「注意書き」を読めば被害の防止や最小化する手段が分かることになっているが、危険有害性の種類・区分に対応した P コードは多数規定されている。その上自主的に加えられた警句もあるとなれば、読み手はその中から重要か

第3章

参考文献（4）

・国連 GHS 文書改訂 7 版第 1.1 章「GHS の目的、範囲および適用」
　　1992 年の国連環境開発会議（United Nations Conference on Environment and Development）のアジェンダ 21 第 19 章（有害化学物質の環境上適正な管理）の指示事項（化学物質の分類と表示の調和）に基づいて GHS が策定された。
・アジェンダ 21 第 19 章の実施促進のために設立された政府間化学物質安全性フォーラム（Intergovernmental Forum on Chemical Safety）の「倫理規範」
　　企業（化学品の供給者 / 取扱者）の自主管理活動（企業の自己決定・自己責任原則に基づき環境・安全・健康面の対策を実施し改善を図る）が有意義かつ重要な役割を果たす。

つ適切なものを一目で選択できる能力を持たなければならない。そのための教育訓練が欠かせない。

　一方、「あまりにも多くの情報がラベルに表示されると注意が散漫になることがあり、傷害を起こしやすさに重点をおいた警句が保護を高めるとの報告がある」[5]。これが示唆するところは、情報過多（Information overload）と呼ばれる状態では、必要な情報が埋もれてしまい、課題を理解したり意思決定したりすることが困難になるので、表示する情報を絞るべきということである。ところが情報の絞り込みは、JIS が規定する GHS ラベルでは P コードで調整するしかなく、しかもその加減は化学品の供給者に委ねられ、規定されていない。なお、わが国では情報過多の概念ではなく、GHS ラベル貼付の空間的制限をよりどころにしているといってよい。必ずしも重要かつ適切な「注意書き」が GHS ラベルに記載されているとは限らないと認識する方が無難であろう。そして、極端には「最小限 GHS ラベル」に近いものしか手にできないと考えて、自社内に「GHS ラベルから導く安全対策」の仕組みを構築しておく方が肝要であろう。例えば、GHS ラベルの絵表示から SDS を参照して「注意書き」を確かめるという社内ルールが挙げられよう。また作業者は標準作業手順書（SOP）などの指示書に基づいて作業を行うはずであるから、標準作業手順書に SDS の「注意書き」が盛り込まれていれば標準作業手順書を確かめることで済み、作業者にとっては手間が省ける。

　また GHS ラベルは、緊急時対応者も対象としている。化学品の輸送中、貯蔵施設、作業場の事故時の公設消防士や救急隊員というより、彼等が到着するまで現場にいる者が緊急時対応者である。職場の同僚が倒れているのに公設消防や救急が到

参考文献　(5) 国連 GHS 文書改訂 7 版 A5.2.2.「米国消費者製品安全委員会によるリスクに基づく表示の例」

・Venema, M. Trommelen, and S. Akerboom. 1997. Effectiveness of labelling of household chemicals, Consumer Safety Institute, Amsterdam.
・Leen Petre. 1994. Safety information on dangerous products: consumer assessment, COFACE, Brussels, Belgium.
・European Commission. 1999. DGIII Study on Comprehensibility of labels based on Directive 88/379/ EEC on Dangerous Preparations.
・Magat, W.A., W.K. Viscusi, and J. Huber, 1988. Consumer processing of hazard warning information, Journal of Risk and Uncertainty, 1, 201-232.
・Abt Associates, Inc. 1999. Consumer Labelling Initiative: Phase II Report, Cambridge, Massachusetts, Prepared for US EPA.
・Viscusi, W.K. 1991. Toward a proper role for hazard warnings in products liability cases, Journal of Products Liability, 13, 139-163.

着するまでそのままにするのか？　SDS を探さなければ手が出せないのか？、これでよいはずはない。GHS ラベルの「注意書き」を手掛りにして、対応することになる。もちろん「注意書き」が全てではないので緊急対応の教育訓練も欠かせない。

3.2　GHS ラベルの活用

　GHS ラベルを容器等に表示もしくは作業場に掲示することはわが国では罰則を伴った義務であり、必ず貼付されている。GHS ラベルは一目で誰もが違反が分かるだけでなく、一目で化学品の危険有害性が分かるという強みを利用しなければその意義を失う。すなわち、その化学品を取り扱う時に講ずべき安全対策に結び付いているかである。例えば、第三者が職場巡視の際に、しかるべき安全対策を講じているかをチェックし、守られていなければ指導や作業手順・職場環境の改善につなげる仕組みが作動しているかを判断できる。この概念を図 3-3 に示した。

　先に記したように「GHS ラベルから導く安全対策」には教育訓練も欠かせず、GHS ラベル読む知識・能力を普段に向上させる必要がある。そのための資料が厚生労働省の「ラベルでアクション」キャンペーンの中で提供されている [6] ので、利用されたい。内容は下記である。

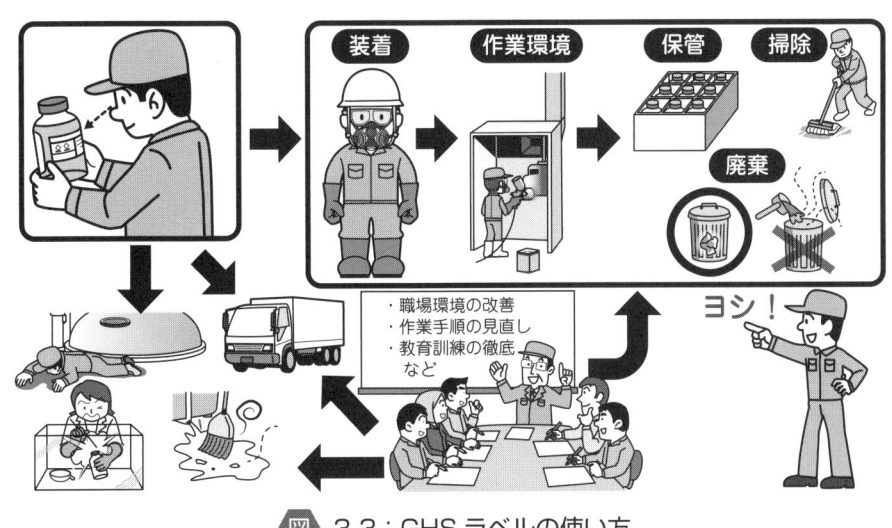

図 3-3：GHS ラベルの使い方

第3章

「平成 30 年度事業」

○　GHS ラベルの読み方の基本

- 社内安全衛生教育用資料（GHS ラベルの読み方の基本）
- GHS ラベル学習用テキスト（GHS ラベルの読み方の基本）
- 理解度確認テスト（ラベルの読み方の基本）
- 理解度確認テストの正答と解説（ラベルの読み方の基本）

○　ラベル表示を活用した健康障害防止の取組

- 社内安全衛生教育用資料（ラベル表示を活用した健康障害防止の取組
- GHS ラベル学習用テキスト（ラベル表示を活用した健康障害防止の取組）
- 理解度確認テスト（健康障害防止の取組）
- 理解度確認テストの正答と解説（健康障害防止の取組）

○　ラベル表示を活用した火災爆発防止の取組

- 社内安全衛生教育用資料（ラベル表示を活用した火災爆発防止の取組）
- GHS ラベル学習用テキスト（ラベル表示を活用した火災爆発防止の取組）
- 理解度確認テスト（火災爆発防止の取組）
- 理解度確認テストの正答と解説（火災爆発防止の取組）

「平成 29 年度事業」

○　GHS ラベルの読み方の基本

- 社内安全衛生教育用資料（GHS ラベルの読み方の基本）
- GHS ラベル学習用テキスト（GHS ラベルの読み方の基本）
- 理解度確認テスト（GHS ラベルの読み方の基本）
- 理解度確認テストの正答と解説（GHS ラベルの読み方の基本）

参考文献（6）
・平成 30 年度ラベル表示を活用した労働者の教育推進事業
　https://www.mhlw.go.jp/stf/seisakunitsuite/bunya/0000161231.html
・平成 29 年度作業別モデル対策シートの作成と労働者教育事業
　https://www.mhlw.go.jp/stf/seisakunitsuite/bunya/0000161231_00001.html
　　なお、これらは国連 GHS 文書改訂 7 版附属書 6「理解度に関する試験方法」にも則り、この附属書 6 に試験方法と評価基準が掲載されているので参照されたい。
　http://www.env.go.jp/chemi/chemi/ghs/attach/unece_ghs_rev07a_ja.pdf

○ ラベル表示を活用した健康障害防止の取組

- 社内安全衛生教育用資料（ラベル表示を活用した健康障害防止の取組）
- GHS ラベル学習用テキスト（ラベル表示を活用した健康障害防止の取組）
- 理解度確認テスト（健康障害防止の取組）
- 理解度確認テストの正答と解説（健康障害防止の取組）

○ ラベル表示を活用した火災爆発防止の取組

- 社内安全衛生教育用資料（ラベル表示を活用した火災爆発防止の取組）
- GHS ラベル学習用テキスト（ラベル表示を活用した火災爆発防止の取組）
- 理解度確認テスト（火災爆発防止の取組）
- 理解度確認テストの正答と解説（火災爆発防止の取組）

3.3 Ｐコード（Precautionary statement codes）の絞り込まれ方

GHS ラベルに表記する P コードの絞り込みは化学品の供給者に委ねられ彼等の論理次第であるが、わが国では「GHS 混合物分類判定システム」（第 2 章 2.1「事業者に向けた支援」参照）に搭載されている「注意書き絞り込み機能」の考え方がある。この機能は、欧州 CLP 規則（Regulation on Classification、Labelling and Packaging of substances and mixtures）の中にある絞り込み方法[7] を採用している。この CLP 規則は欧州に GHS 導入したいわば欧州版 GHS であるので、その採用は妥当であろう。

CLP では GHS ラベルへの P コード優先順位を 4 段階[8] に選別し、「GHS 混合物分類判定システム」はこれに対応させている。GHS で規定されている危険有害

参考文献（7）

欧州 CLP 規則に照応した「表示と包装の手引き」（Guidance on Labelling and Packaging in accordance with Regulation（EC）No 1272/2008）の「7.CLP ハザードラベルの注意書き選定の手引き」

この手引きは、技術的進歩への適応のための改定（Adaptation to Technical Progress）に合わせ、2019 年 3 月に改正された（version 4.0）。

https://echa.europa.eu/guidance-documents/guidance-on-clp

参考文献（8）

GHS ラベルへの P コード優先順位 （日本語は「GHS 混合物分類判定システム」）

   1. highly recommended　（一般工業用途として）強く推奨
   2. recommended　（1 以外への用途を考慮して）強く推奨
   3. optional　推奨
   4. not to be used　任意

第3章

表 3-2：「GHS 混合物分類判定システム」の注意書き絞り込み例

	絞り込みのレベル	Level 1	Level 2	Level 3	Level 4
	絞り込まれた注意書きの数	5	11	24	32
安全対策	使用前に取扱説明書を入手すること。	○	○	○	○
	全ての安全注意を読み理解するまで取り扱わないこと。				○
	熱／火花／裸火／高温のもののような着火源から遠ざけること。禁煙。	○	○	○	○
	容器を密閉しておくこと。		○	○	○
	容器を接地すること／アースをとること。				○
	防爆型の電気機器／換気装置／照明機器／... 機器を使用すること。				○
	火災を発生させない工具を使用すること。			○	○
	静電気放電に対する予防措置を講ずること。			○	○
	粉じん／煙／ガス／ミスト／蒸気／スプレーを吸入しないこと。		○	○	○
	粉じん／煙／ガス／ミスト／蒸気／スプレーの吸入を避けること。			○	○
	妊娠中／授乳期中は接触を避けること。	○	○	○	○
	取扱い後は... よく洗うこと。				○
	この製品を使用する時に、飲食又は喫煙をしないこと。			○	○
	屋外又は換気の良い場所でのみ使用すること。				○
	環境への放出を避けること。			○	○
	保護手袋／保護衣／保護眼鏡／保護面を着用すること。		○	○	○
応急措置	皮膚に付着した場合：多量の水と石けん（鹸）で洗うこと。			○	○
	皮膚（又は髪）に付着した場合：直ちに汚染された衣類を全て脱ぐこと。皮膚を流水／シャワーで洗うこと。				○
	吸入した場合：空気の新鮮な場所に移動し、呼吸しやすい姿勢で休息させること。				○
	眼に入った場合：水で数分間注意深く洗うこと。次にコンタクトレンズを着用していて容易に外せる場合は外すこと。その後も洗浄を続けること。			○	○
	ばく露またはばく露の懸念がある場合：医師に連絡すること。	○	○	○	○
	ばく露またはばく露の懸念がある場合：医師の診断／手当を受けること。	○	○	○	○
	気分が悪いときは、医師に連絡すること。			○	○
	気分が悪いときは、医師の診断／手当てを受けること。			○	○
	皮膚刺激が生じた場合：医師の診断／手当てを受けること。		○	○	○
	眼の刺激が続く場合：医師の診断／手当てを受けること。			○	○
	汚染された衣服を脱ぎ、再使用する場合には洗濯をすること。			○	○
	火災の場合：消火するために... を使用すること。		○	○	○
保管	換気の良い場所で保管すること。容器を密閉しておくこと。			○	○
	換気の良い場所で保管すること。涼しいところに置くこと。		○	○	○
	施錠して保管すること。				○
廃棄	内容物／容器を... に廃棄すること。			○	○

性の種類・区分に対応したＰコードをさらに配分したものである[9]。このことは、わが国は欧州と同じような考え方で、Ｐコードを絞り込むと宣言したものといえよう。

「注意書き絞り込み機能」を作動させた時の例を**表 3-2** に示した。

　ここには重複した「注意書き（Pコード）」は排除されており、安全対策、応急措置、保管、廃棄の観点別に絞り込まれている。レベル（優先順位）が高い場合（レベル数字は小さい）には注意書きの数が少ない。GHS ラベルに空間的な制約がある場合、優先順位の高い注意書きを表記するよう促す。なお、仮にレベル 1 の 4 個の注意書きしか GHS ラベルに表記されていなかったとしても、GHS では危険有害性の種類・区分に対応した P コードが規定されているのであるから SDS にはレベル 4 の 32 個の注意書きが記載されていなければならないはずなので、危険有害性の種類・区分に対応したすべての「注意書き」を知ることはできる。

第3章

参考文献（9）
　GHS 混合物分類判定システム操作説明書「別紙　注意書き絞り込みについて」
　https://www.meti.go.jp/policy/chemical_management/int/ghs_auto_classification_tool_ver4.html

第4章

SDS の読み方

SDS のあらましから、危険・有害性のポイントを示すとともに、
SDS から読み取るポイントも解説する。

☐ SDS とは何か

☐ SDS 項目 2：危険有害性の要約から危険有害性の概略を把握
　するポイントについて

☐ SDS の各項目から労働者が被る危険・有害性を読むポイント
　について

☐ SDS 例

☐災害事例から学ぶ　危険有害性を SDS から読み取るときの留
　意点について

SDS は化学品の危険有害性を記載した情報源である。化学品を購入し事業場内で取り扱うことを想定した段階で、その情報をもとに、ばく露防止措置、爆発・火災防止のための設備の検討等、事前に十分に安全性の確保の対応を検討しなければならない。当該化学品を購入し取り扱おうとしたときにラベル表示を見てどのように取り扱うべきかを検討するのでは本来手遅れである。例えば、消防法では、設備の設置届出が必要であり、安全が確保されるようにさまざまな規制がある。労働者に取り扱わせる場合も、その危険有害性情報を事前に伝達し、取扱い上の注意事項等を周知した後に実際の取扱いを開始しなければならない。PRTR 制度により環境への排出量を届ける必要がある場合は、排出量の算定に必要なデータの記録も求められる。また、化学物資を取り扱い、一定のばく露がある場合は、保護具の選定、装着方法の教育等十分な準備が必要となる。

危険有害性の GHS 分類結果や関係法令を確認することで法令順守のための法的要求事項も整理することができる。実際に取扱いを開始した後には、定期的にリスクアセスメントを実施し、ばく露による健康障害のリスク、および爆発・火災のリスクの低減を随時検討することが求められる。また、非定常作業の際は、定常時よりもリスクが大きくなるケースが多く、十分な事前検討、準備が必要である。有害性の中でも発がん性などの慢性毒性については、ばく露後 10 年以上経過後にがんを発症することがあり、より注意が必要であるが、こうした有害性に対しては、原則的には、ばく露防止措置等が必要な化学物質の多くは法規制されており、法令順守が第一となる。化学物質の有害性が新たに判明する場合があり、SDS の内容の改訂がなされていないか定期的に確認が必要である。

4.1　SDS のあらまし

4.1.1　JIS Z 7253 に基づく SDS の様式

SDS は JIS Z 7253 に基づき記載されているので、記載項目と順番は標準化されている。すでに**第 1 章「1.6 SDS」（p.32）**に示したとおりで、各項目の記載内容の概要は把握しておく必要があり、さらに現場で取り扱う場合の実態に合わせ作業環境管理、作業管理の面から、作業標準や取扱いの注意事項等を整理し、取りまとめておくことが求められる。

4.1.2　SDS を活用する場合の留意点

　SDS は、化学物質や化学品有害性情報などについて、一通りの基礎知識を持っている者が活用するという前提で作成されている。したがって、SDS を活用する者はこのことを理解し必要な一定の知識を習得しておくべきである。SDS の記載（用語や情報の内容など）や範囲は作成者によって多少異なっている部分がある。また特定の使用方法を前提としているのではなく、一般的な取扱いを対象に作成されている。そのため SDS の活用者は入手した SDS 情報のみならず、自らの使用状況を考慮するなど、できる限り情報収集に努めるべきである。

　提供された SDS を読み、活用する場合には、次のような点に留意する必要がある。

● SDS の基礎知識が必要である

　SDS は、化学品を譲渡・提供する側が作成し、譲渡・提供を受けた側は、化学品の安全な取扱いのために活用しなければならない。SDS の作成者は、その作成に当たって、SDS を読む側が、危険性および有害性等について、一定の基礎知識を有していることを前提としている。したがって、事業主は、少なくとも危険有害性等について、一定の基礎知識を持つ人材を養成することが求められる。また、化学物質管理の担当者はリスクアセスメントの管理等とともに、化学品を実際に取り扱う作業者にいかに分かりやすく伝えるかが重要な役割となる。

●内容が十分でないことがある

　提供を受けた SDS の内容が化学品を取り扱う事業場にとって必ずしも十分でない場合がある。これは、SDS の作成者が入手した情報に基づき作成することから、情報収集が不十分な部分は内容が不足がちになるためである。化学品を構成する化学物質の的確な情報を収集するには、多くの労力、経験・知識が必要となる。したがって、同等の化学品の SDS でも提供元によって記載内容が異なっていることがある。この点を十分認識し、不明や疑問な点があれば、作成者に問い合わせ、自ら情報収集するなどして、不足している情報を追加しておくことが必要である。ただし、危険有害性情報が自らの情報収集だけでは不十分と考える場合、化学物質情報や SDS 作成等の専門機関を利用するか、あるいは化学品の製造元に問い合わせるなどの対応をすべきである。

第4章

爆発火災事故や健康障害が起こってからでは遅い。事業主等に求められることは、問題が発生する前に安全に対し十分な配慮と予防的措置を講じたかである。

● 不特定のユーザーを対象に作成されている

　SDS は、不特定のユーザーを対象に汎用性を持たせて作成されており、一般的な表現で記載されていることが多く、特殊な作業や予期しにくい事態については考慮されていない。

　例えば保護具について「適切な呼吸用保護具を着用すること」と記載されている場合、作業に合致した適切な呼吸用保護具を調べ、「所定の有機ガス用防毒マスクを着用すること」など、作業手順書には具体的な保護具の使用を規定しておく必要がある。

● 表現が異なる場合がある（字句・表現の不統一）

　SDS で使用される用語は、JIS で用語統一が図られているが、内容が同じことを意味する場合でも、文章表現は作成者により異なることがある。さらに、現場ではなじみのない用語や表現もある。これらのことから、現場では別途日常的に使われているわかりやすい用語や表現に修正した掲示などを使用することも良い方法である。

4.1.3　成分情報の扱い（不競法と独禁法 / 下請法等）

　成分情報は営業秘密情報にあたり、その情報を取得するためには、別途、秘密保持契約を結ぶなどにより取得する必要がある。また、営業秘密情報に関し、不正競争防止法では、企業が持つ営業秘密情報が不正に持ち出されるなどの被害にあった場合に、民事上・刑事上の措置をとることができるとされる。そのためには、その

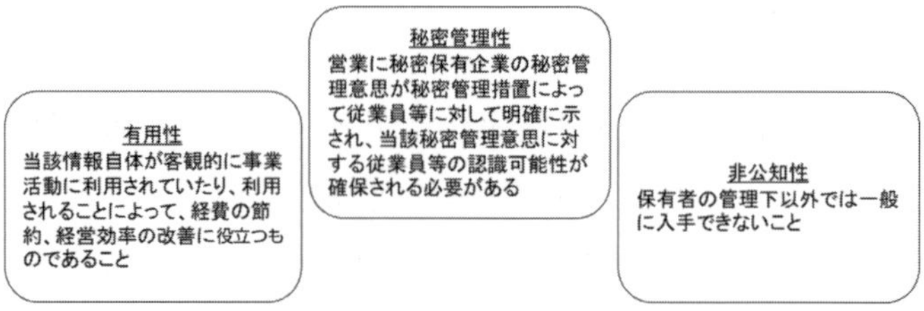

秘密管理性
営業に秘密保有企業の秘密管理意思が秘密管理措置によって従業員等に対して明確に示され、当該秘密管理意思に対する従業員等の認識可能性が確保される必要がある

有用性
当該情報自体が客観的に事業活動に利用されていたり、利用されることによって、経費の節約、経営効率の改善に役立つものであること

非公知性
保有者の管理下以外では一般に入手できないこと

図 4-1：営業秘密（情報）の要件

出典：経済産業省営業秘密に関するホームページをもとに作成

営業秘密情報が、不正競争防止法上の「営業秘密情報」として管理されていることが必要である。

　また、商取引上の優越的立場を使って、成分情報の開示を強要した場合は、独占禁止法、下請法等により、不公正な取引方法としての優越的地位の濫用とみなされ、取引の相手方に対し不当に不利益を与える行為となるので注意が必要である。

　参考に営業秘密情報としての要件を示す（**図 4-1**）。

4.2 労働者が被る危険性のポイント

4.2.1　消防法の危険物と GHS に基づく危険性の差異

　化学物質の危険性について消防法の危険物と GHS 分類と、労働安全衛生法に基づく危険性の差異は以下のとおりであり、GHS 分類と安衛法、消防法は分類が異なっている部分があることを理解しておく必要がある（**表 4-1**）。

4.2.2　国連番号の活用方法

　国連番号[※1] と GHS 分類は基本的にほとんど一致しており、UN_RTDG 分類

表 4-1：GHS 分類と各法における化学物質の危険の差異

GHS 分類	労働安全衛生法	消防法	高圧ガス保安法
爆発物	爆発性の物		
可燃性・引火性ガス	可燃性のガス		
エアゾール			
支燃性・酸化性ガス			
高圧ガス			高圧ガス
引火性液体	引火性の物	危険物第 4 類	
可燃性固体	発火性の物	危険物第 2 類	
自己反応性化学品	爆発性の物	危険物第 5 類	
自然発火性液体		危険物第 3 類	
自然発火性固体	発火性の物	危険物第 3 類	
自己発熱性化学品			
水反応可燃性化学品	発火性の物	危険物第 3 類	
酸化性液体	酸化性の物	危険物第 6 類	
酸化性固体	酸化性の物	危険物第 1 類	
有機過酸化物	爆発性の物	危険物第 5 類	
金属腐食性物質	腐食性液体		

出典：政府向け GHS 分類ガイダンス（平成 25 年度改訂版）

(「国連番号」、「危険等級」、「容器等級」) から、物理化学的危険性の GHS 分類区分を判定することが可能である。また、国連番号は危険物の運搬に提供が求められるイエローカードにも活用でき、緊急時応急措置指針等から物流での緊急時の応急措置等に関する情報を得ることができる。

4.2.3 SDS のチェックポイント

SDS の爆発火災に関わる性質については、主に SDS の項目 2、5、6、7、9、10、14 に記載されている。読む順番は取得しようとする情報によって違ってくるが、一般的には項目 2、9、10、5、6、7、14 の順に読むとよいであろう。特に項目 5、7、9、10 は重要である。具体的な SDS を読むポイントについては、後ろのページに実践 SDS を読み取るポイントとして記載しているので、そちらを参照願いたい。

- 具体的な措置例；RISCAD、静電気安全指針等

火災爆発のリスク低減対策について、産総研が運営する RISCAD（リレーショナル化学災害データベース）では、火薬類、高圧ガス関連の災害事例や消防法危険物関連災害事例、その他の化学プラント関連災害事例を整理、公開している。自らが取り扱っている化学物質や類似物質等をキーワードとして事故事例を検索しリスク削減措置の検討に活用できるので、事故事例の積極的な活用を推奨する。また、着火源として重要な静電気に関しては静電気安全指針等の資料が参考となる。

4.3 労働者が被る有害性のポイント

4.3.1 化学物質の有害性（侵入経路ごと）と労働衛生 3 管理

化学物質による健康障害を防止するためには、労働衛生の 3 管理が基本となる。労働衛生の 3 管理とは、作業環境管理、作業管理および健康管理の 3 管理を指す。

作業環境管理とは、作業環境中の有害因子の状態を把握し、できるかぎり有害物の作業環境中の濃度を下げ、良好な状態で管理していくことである。作業環境中の有害物質の濃度を的確に把握するため、作業環境測定が行われる。労働者への化学物質の侵入経路は吸入、経口、経皮があり、作業環境測定結果の評価に基づいたば

※ 1：国連番号とは UN_RTDG で輸送上の危険性や有害性のある化学物質に付与される番号

く露防止措置は、吸引による経路からのばく露防止が主である。

　作業管理とは、環境を汚染させないような作業方法や、有害物質のばく露や作業負荷を軽減するような作業方法を定めて、それが適切に実施されるように管理することで、経皮吸収のおそれのある物質に対して保護具を使用させること、作業場の改善が行われるまで一時的な措置として保護具を使用させることなども含まれる。

　健康管理とは、労働者個人の健康の状態を健康診断により直接チェックし、健康の異常を早期に発見したり、その進行や増悪を防止したり、さらには、元の健康状態に回復するための医学的および労務管理的な措置を講ずることである。総合的に労働衛生対策を効果的に進めるためには、産業医や衛生管理者等の労働衛生専門スタッフが有機的に結び付いて連携を取っていくとともに、安全管理、さらには生産管理と一体となって行われることが求められる。

　また、作業者が労働衛生管理体制や労働衛生3管理について正しく理解をすることが大切であり、この理解を深めることを目的として労働衛生教育が行われてる。SDSはそのため必須の情報源であり教育材料である。

4.3.2　GHSの有害性情報に追加されている国内固有の情報（管理濃度、許容濃度）

　わが国では、国内法規制により危険有害性の強い化学物質の取扱いに関して、順守すべき特別則があり、作業環境濃度を法で定められた管理濃度を基準とし、それよりも低く管理、維持しなければならない。したがって、SDSの項目15の「適用法令」を確認し労働安全衛生法に基づく特別則の記載がある場合、項目8「ばく露防止および保護措置」に管理濃度の記載（記載は任意）があるかを確認すべきである。

　また、厚労省の「化学物質等による危険性又は有害性等の調査等に関する指針」（化学物質リスクアセスメント指針）には、日本産業衛生学会の許容濃度または米国産業衛生専門家会議（ACGIH）が勧告するTLV-TWAなどの化学物質等のばく露限界が新規に設定され、または変更された場合などは、リスクアセスメントを再度実施することとなっている。このことから、許容濃度（記載は任意）、TLV-TWA等は規制による遵守すべき値（管理濃度）とは異なるが、リスクアセスメント実施の際、リスク判定の重要な基準値であるため確認すべきである。

4.3.3　SDSのチェックポイント

　化学品の健康障害に関わる性質については、主にSDSの項目2、4、6、7、8、

第4章

11、15 に記載されている。読む順番は取得しようとする情報によって違ってくるが、一般的には項目2、8、11、4、6、7、14 の順に読むことがよいであろう。特に項目4、6、7、8は重要である。

● 具体的な措置例；安衛則 / 特化則 / 有機則、保護具選定等

有害性物質のばく露防止措置に関しては、まず安衛則 / 特化則 / 有機則の規程を順守し、リスク低減措置を検討することが推奨される。有害性の強さの程度（区分）が異なっていても、取るべき措置はほぼ同じであり、法令を参考に、自らの使用実態をもとに、いかなる措置を実施すべきかを判断することが求められる。現場の労働者の理解、合意を得た後、具体策を講じ、継続的に一層の改善、維持管理等に努めるべきである。

4.4 実践 SDS を読み取るポイント

SDS の項目2に記載されている危険有害性の要約と項目4 〜 13 の記載内容はおおよそ以下の関連がある（図 4-2）。したがって、要約の内容から、より詳細な情報を得る必要がある場合、各項目を見ればそれらの情報を得ることができる。

また、GHS 分類結果と注意書きは P コード（次頁）により文言が統一化されているので、物質が異なっても区分が同じであれば、注意書きの文言は同じである。分かりやすい表現で記載されており、以下の注意書きは JIS Z 7253 に基づく例であるが、追加情報としてさらに注意書きが追加記載されていることもあり、その内

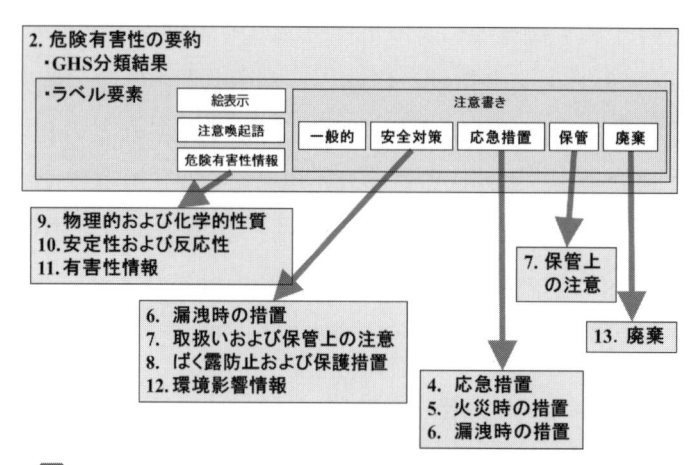

図 4-2：SDS の危険有害性の要約とその他の項目の関係

容に関しても確認すべきである。

GHS 分類結果と注意書きの例

発がん性区分 1、2 がついた場合

注意書き

安全対策　P201：使用前に取扱説明書を入手すること。

　　　　　P202：全ての安全注意を読み理解するまで取り扱わないこと。

　　　　　P280：保護手袋／保護衣／保護眼鏡／保護面を着用すること。

応急措置 P308+313：ばく露又はばく露の懸念がある場合：

　　　　　　　　　医師の診察／手当てを受けること。

保管（貯蔵）P405：施錠して保管すること。

廃棄　P501：内容物／容器を... に廃棄すること。

引火性液体区分 1、2、3 がついた場合

注意書き

安全対策　P210：熱、高温のもの、火花、裸火及び他の着火源から遠ざけること。
　　　　　　　　禁煙。

　　　　　P233：容器を密閉しておくこと。

　　　　　P240：容器を接地しアースをとること。

　　　　　P241：防爆型の【電気機器／換気装置／照明機器／...】を使用すること。

　　　　　P242：火花を発生させない工具を使用すること。

　　　　　P243：静電気放電に対する措置を講ずること。

　　　　　P280：保護手袋／保護衣／保護眼鏡／保護面を着用すること。

応急措置　P303+361+353：皮膚（又は髪）に付着した場合：直ちに汚染された衣
　　　　　　　　　　　　類を全て脱ぐこと。皮膚を水【又はシャワー】で洗う
　　　　　　　　　　　　こと。

　　　　　P307+378：火災の場合：消火するために... を使用すること。

保管（貯蔵）P403+235：換気の良い場所で保管すること。涼しいところに置くこと。

廃棄　P501：内容物／容器を... に廃棄すること。

(JIS Z 7253 より)

SDS を読む順番は特に決まりごとがあるわけではないが、おおまかには以下の記載順に読み取っていくのが効率的かつ効果的であろう。以下に JIS Z 7253 に基

第4章

づく SDS を読むポイントを項目ごとに示す。

●項目 1「化学品および会社情報」

　この情報から製品名、あるいは化学物質名と含有する化学物質の CAS 番号から物質が何かを特定することが最初のステップである。追加の情報が必要なときにも CAS 番号で検索すべきである。物質名で検索すると複数の化学物質がヒットしてしまい、その中から物質を特定することは容易ではない。

　推奨用途と使用上の制限が記載されていることがある。その場合は、使用上の制限に関しては法的な拘束力はないが、制限を越えた使用をする場合は、安全配慮義務を問われることがあるので、リスクアセスメント等を実施し、十分に安全性を確認する必要がある。

　化学品の供給先と緊急時の連絡先は、SDS の記載内容の確認や、緊急時により詳細な情報が必要になった場合に不可欠であり、いつでもすぐに取り出せるようにしておくべきである。

●項目 2「危険有害性の要約」

　コントロールバンディングなどの初期リスク評価のために必須の情報であり、記載されている GHS 分類結果から取扱い上の注意事項の概要を把握することができる。また、GHS 分類結果から一定の実施すべきばく露防止対策や爆発・火災防止に関する対策等を想起できるよう、会社として日常から訓練しておくべきである。

　急性毒性、皮膚や目への重篤な影響がある場合は、保護具は必須であり、保護具無しでは、原則取り扱ってはならない。

　GHS 分類にはない粉じん爆発危険性がある場合、「拡散した場合、爆発可能性のある粉じん-空気混合物を形成する可能性あり」などの記載がされている場合がある。その場合、粉じん爆発のリスクについても SDS 供給先に尋ねるなどして自ら調査すべきである。

●項目 3「組成および成分情報」

　組成、成分情報は、基本的に営業秘密情報（CBI）に該当するので、厳格に取り扱う必要がある。また、含有する成分のうち法的規制で化学物質名を明記しなければならないものがある場合、各法令に該当する物質名が記載されているか否かを確認しなければならない。その際、15 項の適用法令も同時に確認し、法令順守のた

めの法的要求事項も別途整理しておくべきである。特に重要な法令として化学物質排出把握管理促進法、安衛法、毒劇法がある。可能であれば、成分、組成情報を取得し、各成分のSDS情報を取得整理し、組成と各成分のGHS分類結果を使用し、混合物として再度GHS分類をしてもよい。ただし、物理化学的危険性は実測値が基本であることに留意すべきである。

● 項目9「物理的および化学的性質」

取扱い上把握すべき基本的物性であり、室温（安全面からは35℃を想定）で固体、液体、気体のいずれの状態であるかを確認すべきである。粉体の場合は、その飛散性がどの程度か（微粒子を含むか、顆粒状か、プラスチックのようなペレット状かなど）を確認すべきである。マイクロメートルサイズ以下の粒子が含まれるもの（吸入性粉じんに相当）は、呼吸を通じて肺にまで取り込まれるため、ばく露防止対策を検討する際は、特に注意が必要である。また、厚生労働省より基安発1024第1号（2017（平成29）年10月24日）として粉状物質の有害性情報の伝達による健康障害防止のための取組みが示されており、その通達には『有害性が低い粉状物質であっても、長期間にわたって多量に吸入すれば、肺障害の原因となり得るものですが、（中略）このような粉状物質自体の吸入による肺障害に対する危険性の認識は十分とはいえず、場合によってはばく露防止対策が不十分となるおそれがある。』と記載されている。したがって、取扱い方法等に応じ、十分なばく露防止策を講じる必要がある。さらに、ほとんどの粉体は、爆発範囲内に空気と混合された状態では、粉じん爆発を起こすリスクがあり、作業場内のみならず、換気ダクト等粉じんの通過、固着物の蓄積、こすれによる粉じんの発生等による粉じん爆発のリスクがないか細心の注意が必要である。

常温で液体の化学品は、沸点、引火点、自然発火温度が重要となる。沸点が低いほど作業環境中に揮発されやすく、開放状態で取り扱う場合は、発散源のできる限りの密閉化、換気装置などによる有害物の迅速な作業場所からの除去が必要である。25℃近辺での蒸気圧のデータがある場合、その温度での飽和蒸気圧から作業環境中の最大濃度の推定も可能である。爆発・火災の面では、爆発範囲や自然発火温度は取扱い・保管状況等が適切か否かの確認に極めて重要となる。

ガスは、GHSの定義では50℃で300kPa（絶対圧）を超える蒸気圧を有する物質、または、20℃の101.3kPaの標準気圧、において完全にガス状である物質をいうが、圧縮ガス等に関しては、高圧ガス保安法で規制されている。ガスには不測の

第4章

事故により漏洩した場合、爆発、火災などの事故や急性毒性により健康障害を起こす気体が多く存在し、厳格な取扱いが必要となる。

そのほかに色、におい、分解温度、融点凝固点、溶解度、pH 等の物性は、取り扱う条件、方法等に応じて、把握しておくべき項目は何かを検討し、日常的に把握しておくことが必要である。

●項目 7 「取扱いおよび保管上の注意」

作業場の取扱い方法等を検討し、見直し等を進める上で、最も重要な項目である。取扱い、保管上の注意事項が記載されているので、その内容を読み、自らの取扱い状況等と照らし合わせ、十分な対策をとっているかをチェックすべきである。必要に応じてチェックリスト化して、定期的に確認することも推奨される。以下には取扱い、保管上の記載内容を示した。

（取扱い）

当該化学品を安全に取り扱うための取扱い者のばく露防止、火災、爆発の防止などの適切な技術的対策、局所排気、全体換気等やエアロゾル・粉じん（塵）の発生防止などの注意事項が記載されている。

混合、反応等により化学品の性質を変えることで新たなリスクを生じる取扱い方法があれば、合理的に予見可能な範囲で記載されている。

混合接触させてはならない化学物質との接触回避などの取扱注意事項も記載されている。必要に応じて、適切な衛生対策が記載されていることもあり留意して読むべきである。

（保管）

当該化学品の安全な保管条件について、適切な技術的対策、および混合接触させてはならない化学品との分離、保管条件（適切な保管条件および避けるべき保管条件）が記載されている。適切な保管のために重要である安全な容器包装材料（推奨材料および不適切材料）についての情報も記載されている。

●項目 4 「応急措置」

取るべき応急措置は、GHS 分類結果と P コードが関連付けされて記載されている。また、絶対避けるべき行動があれば記載されている。情報は、被災者および応急措置をする者が容易に理解できるように記載されており、当該物質を取り扱う前に十分に理解しておく必要がある。

　情報は、異なったばく露経路、すなわち吸入した場合、皮膚に付着した場合、眼に入った場合および飲み込んだ場合に分けて記載されており、どのような経路でばく露したかによって応急措置が異なるので、ばく露の状況により迅速な判断ができるよう教育、訓練する必要がある。予想できる急性症状および遅発性症状の最も重要な徴候症状に関する簡潔な情報が記載されている場合には、誤って吸入した場合の速やかな症状の把握、日常的な健康状態の判断にも利用できる。特に、一定時間経過後に重篤な症状が出る遅発性の毒性がある物質へのばく露のおそれがあった場合は、症状が見られない場合であっても速やかに医師の診断を受けるべきである。

● 項目 5「火災時の措置」、「項目 6 漏出時の措置」

　これらに関しては規格化された文言はない。JIS Z 7253 では、火災時の措置として第 5 項には

　　●適切な消火剤
　　●使ってはならない消火剤　　}の記載は必須

　　●火災時の特有の危険有害性
　　●特有の消火方法、　　　　　　　　　　　　　}は任意
　　●消火の活動を行う者の特別な保護具と予防措置

とされている。

　少なくとも適切な消火剤、使ってはならない消火剤は記載されているので、それらの情報は緊急時のため整理しておくべきであり、公設の消防隊が場内に入り消火活動する際の情報として必須である。

　第 6 項については

　　●人体に対する注意事項、保護具および緊急時措置
　　●環境に対する注意事項　　　　　　　　　　　}は必須
　　●封じ込めおよび浄化の方法および機材
　　●二次災害の防止策　　}は任意

となっているが、漏出時の緊急措置としてこれらの情報を整理し、即時に対応できるよう緊急対応、体制等として整備すべきである。

● 項目 8「ばく露防止および保護措置」

　ばく露に関して許容濃度、管理濃度が記載されており、また局所排気、全体換気等を中心とした設備対策が記載されている。SDS の交付が義務化されている物質

については管理濃度、あるいは許容濃度が必ず記載されており、許容濃度の値を評価の基準として危険・有害性についての定量的なリスクアセスメントが実施可能である。

設備対策については設備の密閉化や換気装置設置の必要性等が記載されており、全体換気、局所排気装置の設置に関しては、可能な限り局所排気等による発生箇所からの迅速な除去が望ましい。

また、保護具については JIS Z 7253 では必須の記載となっており、呼吸用保護具、手の保護具、眼、顔面の保護具、皮膚および身体の保護具に関しての情報が記載されているが、一般的表現として「適切な保護具を着用する」といった記述が多い。適切な保護具とは何かに関しては別途調査が必要であり、SDS 供給先や保護具の業界団体等に問い合わせることが望まれる。保護具の適切な着用方法に関して詳細な方法が記載されていることは少ないため、事業主自らが労働者に対して教育をする必要がある。不適切な装着の場合、ばく露防止効果が半減以下になることがあり、十分な注意が必要である。保護具類の準備、保管方法、交換時期等に関しても、規程等を整備し管理徹底が必要である。

- 項目 10「安定性および反応性」
JIS Z 7253 では、
　　●反応性
　　●化学的安定性
　　●危険有害性反応可能性
　　●避けるべき条件（熱（特定温度以上の加熱など）、圧力、衝撃、静電放電、振動または他の物理的応力など）
　　●混触危険物質
　　●危険有害な分解生成物、の全ての項目が必須項目
とされており、情報がない場合でも「情報なし」などの記載がされている。安定性、反応性については化学反応を伴う取扱いがある場合などは、爆発、火災のリスク管理の面で極めて重要であり、必要に応じて厚生労働省のリスクアセスメント支援ツール等の活用により、リスク低減措置の検討、実施が求められる。また、避けるべき条件として特定の温度以上の加熱が記載されている場合、十分な火災、爆発に対しての対策を講じている以外は、原則その温度以上の取扱いはすべきではない。当該化学物質の取扱い上の注意事項も整理し、取扱い者への教育、訓練、作業

標準等の作成、見直しに活用すべきである。

●項目 11「有害性情報」

　健康（毒性学的）影響について、危険有害性項目ごとに、簡明かつ完全で包括的な説明とその影響を特定するために利用したデータを記載するとされており、これらの危険有害性項目（下記項目）は必ず何らかの記載がされている。

　生ずる健康影響は吸入、経口摂取、皮膚、眼接触などのばく露経路が記載され、さらに、毒性の数値的尺度、物理的、化学的および毒性学的特性に関係する症状をそのばく露条件とともに提供することが望ましいとされており、症状の記載がある場合は、取り扱っている物質から生じる症状を把握し、自覚症状等がある際は、必ず医師等に相談すべきである。

　これら危険有害性のデータに関し、各種の情報源および自社保有データ等を検討した結果、GHS 分類の判断を行うためのデータがまったくない場合、および GHS 分類を行うための十分な情報が得られなかった場合、SDS に『分類できない』の文言で記載されている。

　また、以下の場合は『区分に該当しない』の文言で記載されている。

＊ GHS 分類を行うのに十分な情報が得られており、分類を行った結果、JIS で規定する危険有害性区分のいずれの区分にも該当しない場合。

＊ GHS 分類の手順で用いられる物理的状態または化学構造が該当しないため、当該区分での分類の対象となっていない場合。

＊発がん性など証拠の確からしさで分類する危険有害性クラスにおいて、専門家による総合的な判断から当該毒性を有さないと判断される場合、得られた証拠が区分に分類するには不十分な場合。

　データがない、または不十分で分類できない場合、判定論理においては『分類できない』と記されている場合もあるが、このような場合も含まれることに留意すべきである。

　したがって、『分類できない、区分に該当しない』は、それらの有害性が必ずしもないということではない。取扱い時に、物理的状態または化学構造が該当しないため、当該区分での分類の対象となっていない場合を除き、有害性の最も低い区分に該当すると想定し、可能な範囲でばく露の低減に留意すべきである。

　一般的に化学品は混合物が多いが、JIS Z 7253 では、化学品（混合物全体として）の危険有害性試験がされていない場合、または評価するに足る情報が得られな

第４章

い場合は、成分についての毒性情報と GHS 分類を記載するとされているので、その混合物の成分と各有害性を把握しておくべきである。混合物としての分類には、GHS が規定する混合物の分類方法を使用しているが、情報が得られない等の場合は、その旨（十分なデータが得られなかったなど）が記載されている。

「有害性情報の項目」
- 急性毒性
- 皮膚腐食性／刺激性
- 眼に対する重篤な損傷性／眼刺激性
- 呼吸器感作性又は皮膚感作性[1]
- 生殖細胞変異原性
- 発がん性
- 生殖毒性
- 特定標的臓器毒性（単回ばく露）
- 特定標的臓器毒性（反復ばく露）
- 誤えん有害性

● 項目 12「環境影響情報」
JIS Z 7253 では、
●生態毒性
●残留性・分解性
●生体蓄積性
●土壌中の移動性
●オゾン層への有害性の危険有害性項目
は必須であり、必ず記載することとなっている。

　生物種、試験継続期間および試験条件を明記し、危険有害性分類判定基準に関連するデータを記載するとされており、これら危険有害性のデータが入手できない場合、化学品が分類判定基準に合致しない場合には、その旨 SDS に記載するとされている。生物蓄積性、残留性および分解性などの生態毒性を表す特性は物質に特異的であり、入手可能で適切である場合には、混合物中の該当する各成分について情報を提供するとされている。生態毒性は、有害性のデータをもとに安全側（有害性

※1：呼吸器感作性と皮膚感作性では健康障害の重篤性が大きく異なるのできちんと読み取ること

があるという判断）に評価する判定法になっており、ほとんどの当該物質は環境法令により規制がされており、項目 15「適用法令」と照合しつつ確認すべきである。

● 項目 13「廃棄上の注意」

化学品（残余廃棄物）、当該化学品が付着している汚染容器および包装の安全でかつ環境上望ましい廃棄、またはリサイクルに関する情報は必須とされ、廃棄上の注意には、安全で、かつ、環境上望ましい廃棄、またはリサイクルに関する情報を含めることとなっている。

廃棄方法は、化学品（残余廃棄物）だけでなく、当該化学品が付着している汚染容器および包装にも適用されるので十分な注意が必要である。受領者に対し、廃棄に関する規制がある場合は、注意を促すことが望ましいとされており、項目 15「適用法令」と照合しつつ確認すべきである。

● 項目 14「輸送上の注意」

輸送に関する国際規制の情報を含め、陸上、海上および航空の輸送手段によって区別するとされている。該当する場合、次の情報を記載することが望ましいとされており、輸送方法等によって必須の項目があり、構外への輸送などがある場合、必要に応じて追加的に法規制、国連番号等の情報を確認すべきである。

輸送に関する情報の項目

- 国連番号
- 品名（国連輸送名）
- 国連分類（輸送における危険有害性クラス）
- 容器等級（該当する場合）
- 海洋汚染物質（該当・非該当）
- MARPOL 73/78 附属書 II および IBC コードによるばら積み輸送される液体物質（該当・非該当）
- 使用者が構内もしくは構外の輸送または輸送手段

これらに関連して、知る必要があるまたは従う必要がある特別の安全対策、国内規制がある場合には、その情報を記載することが必須とされている。

● 項目 15「適用法令」

化学品に SDS の提供が求められる特定化学物質の環境への排出量の把握等およ

第4章

び管理の改善の促進に関する法律、労働安全衛生法、毒物及び劇物取締法に該当する化学品の場合、化学品の名称とともに該当する国内法令の名称、その国内法令に基づく規制に関する情報が記載されている。また、その他の適用される国内法令の名称及びその国内法令に基づく規制に関する情報を、化学品の名称とともに含めることが任意となっているが、特に環境関連法令、消防法等に該当する場合、法令順守の面から追加的に情報を収集し確認する必要がある。組成が分かる場合は、CAS番号等から製品評価技術基盤機構（略称：NITE（ナイト））サイトの化学物質管理の「NITE化学物質総合情報提供システム」（NITE-CHRIP）から検索し、主な該当法令を確認することができる。また、日本化学工業協会の「JCIA BIG-Dr」のサイトを使って国内外法規制情報の検索も可能である。

●項目16「その他の情報」

　安全上重要であるが他の項目に直接関連しない情報を記載とされており、特定の訓練の必要性、化学品の推奨される取扱い、制約を受ける事項などが例として挙げられている。また、危険害有性データの出典を示してもよいことから、根拠となるデータの出典先が記載されている場合もある。「職場のあんぜんサイト」のモデルSDSに、『本安全データシートはモデルですので、実際の製品等の性状に基づき追加修正する必要があります。また、特殊な条件下で使用するときは、その使用状況に応じた情報に基づく安全対策が必要となります』などとあり、免責事項等を記載している例も多い。

　特定の訓練の必要性、制約を受ける事項が記載されている場合は、自らの使用方法等をもとに、必要に応じてリスク低減措置の検討、実施に活用できる。

●まとめ

　SDSを読み取る心構えとして、各項目を単に読むのではなく危険有害性の具体的性質とのつながりを考えて読むべきである。例えば、急性毒性が区分1のものを扱う上では絶対に致死量以上のばく露があってはならない。そのための対策として何をすべきかを綿密に読めば、おのずとその意味も深く理解できる。全ては、労働者一人ひとりの命と健康を守るために何をすべきかを深く読み取ることが大切である。

※ SDS 例

作成日 2008 年 10 月 06 日
改訂日 2019 年　〇月　〇日

安全データシート

1. 化学品等及び会社情報	
化学品等の名称	エチルベンゼン（Ethylbenzene）
製品コード	H27-B-043
供給者の会社名称	〇〇〇〇株式会社
住所	東京都△△区△△町△丁目△△番地
電話番号	03-1234-5678
ファックス番号	03-1234-5678
電子メールアドレス	連絡先＠検セ.or.jp
緊急連絡電話番号	03-1234-5678
推奨用途	スチレンモノマー合成原料，有機合成原料，塗料・インキ・接着剤溶剤，ラッカーの希釈剤
使用上の制限	推奨用途以外の用途に使用する場合は専門家の判断を仰ぐこと

2. 危険有害性の要約
GHS 分類

物理化学的危険性	引火性液体	区分 2
健康に対する有害性	急性毒性（吸入：蒸気）	区分 4
	眼に対する重篤な損傷性／眼刺激性	区分 2B
	発がん性	区分 2
	生殖毒性	区分 1B
	特定標的臓器毒性 （単回ばく露）	区分 3（気道刺激性、麻酔作用）
	特定標的臓器毒性 （反復ばく露）	区分 2（聴覚器）
	誤えん有害性	区分 1
環境に対する有害性	水生環境有害性　短期（急性）	区分 1
	水生環境有害性　長期（慢性）	区分 2

GHS ラベル要素
絵表示又はシンボル

注意喚起語　　　　　危険
危険有害性情報　　　引火性の高い液体及び蒸気
　　　　　　　　　　飲み込んで気道に侵入すると生命に危険のおそれ
　　　　　　　　　　眼刺激
　　　　　　　　　　吸入すると有害（気体、蒸気、粉じん、ミスト）
　　　　　　　　　　呼吸器への刺激のおそれ
　　　　　　　　　　眠気又はめまいのおそれ
　　　　　　　　　　発がんのおそれの疑い
　　　　　　　　　　生殖能又は胎児への悪影響のおそれ
　　　　　　　　　　長期にわたる、又は反復ばく露による聴覚器の障害のおそれ
　　　　　　　　　　水生生物に非常に強い毒性
　　　　　　　　　　長期継続的影響によって水生生物に毒性

注意書き
安全対策　　　　　　使用前に取扱説明書を入手すること。
　　　　　　　　　　全ての安全注意を読み理解するまで取り扱わないこと。
　　　　　　　　　　熱／火花／裸火／高温のもののような着火源から遠ざけること。禁煙。
　　　　　　　　　　容器を密閉しておくこと。
　　　　　　　　　　容器を接地しアースをとること。
　　　　　　　　　　防爆型の電気機器／換気装置／照明機器を使用すること。
　　　　　　　　　　火花を発生させない工具を使用すること。
　　　　　　　　　　静電気放電に対する予防措置を講ずること。
　　　　　　　　　　粉じん／煙／ガス／ミスト／蒸気／スプレーを吸入しないこと。

	応急措置	取扱後はよく手を洗うこと。 屋外又は換気の良い場所でだけ使用すること。 環境への放出を避けること 保護手袋／保護衣／保護眼鏡／保護面を着用すること。 飲み込んだ場合：直ちに医師に連絡すること。 皮膚（又は髪）に付着した場合：直ちに汚染された衣類を全て脱ぐこと。皮膚を水【又はシャワー】で洗うこと。 吸入した場合：空気の新鮮な場所に移し、呼吸しやすい姿勢で休息させること。 眼に入った場合：水で数分間注意深く洗うこと。次にコンタクトレンズを着用していて容易に外せる場合は外すこと。その後も洗浄を続けること。 ばく露又はばく露の懸念がある場合：医師の診断／手当てを受けること。 気分が悪い時は医師に連絡すること。 気分が悪いときは、医師の診断／手当てを受けること。 無理に吐かせないこと。 眼の刺激が続く場合：医師の診断／手当てを受けること。 火災の場合：消火するために適切な消火剤を使用すること。 漏出物を回収すること
	保管	換気の良い場所で保管すること。容器を密閉しておくこと。 換気の良い場所で保管すること。涼しいところに置くこと。 施錠して保管すること。
	廃棄	内容物／容器を都道府県知事の許可を受けた専門の廃棄物処理業者に依頼して廃棄すること。
	他の危険有害性	データなし

3．組成及び成分情報
　化学物質・混合物の区別

		化学物質
	化学名又は一般名	エチルベンゼン
	慣用名又は別名	エチルベンゾール、フェニルエタン
	化学物質を特定できる一般的な番号	CAS 番号　100-41-4
	成分及び濃度又は濃度範囲	100%
	官報公示整理番号	3-28
	（化審法）	3-60
	官報公示整理番号	政令番号　別表第9の70
	（安衛法）	
	GHS 分類に寄与する成分	データなし

4．応急措置

	吸入した場合	気分が悪い時は、医師の診断、手当てを受けること。 症状が続く場合には、医師に連絡すること。
	皮膚に付着した場合	大量の水で洗うこと。症状が続く場合には、医師に連絡すること。
	眼に入った場合	水で 15 ～ 20 分間注意深く洗うこと。次に、コンタクトレンズを着用していて容易に外せる場合は外すこと。その後も洗浄を続けること。 症状が続く場合には、医師に連絡すること。
	飲み込んだ場合	水で口をすすぎ、直ちに医師の診断を受けること。 無理に吐かせないこと
	急性症状及び遅発性症状の最も重要な徴候症状	データなし
	応急措置をする者の保護	救助者は、状況に応じて適切な眼、皮膚の保護具を着用する。
	医師に対する特別な注意事項	データなし

5．火災時の措置

	適切な消火剤	小火災：粉末消火剤、二酸化炭素、一般の泡消火剤 大火災：散水、噴霧水、耐アルコール性泡消火剤
	使ってはならない消火剤	棒状注水

火災時の特有の危険有害性	極めて燃え易い、熱、火花、火炎で容易に発火する。 加熱により容器が爆発するおそれがある。 火災によって刺激性、腐食性又は毒性のガスを発生するおそれがある。 屋内、屋外又は下水溝で蒸気爆発の危険がある。
特有の消火方法	引火点が極めて低い：散水以外の消火剤で消火の効果がない大きな火災の場合には散水する。 危険でなければ火災区域から容器を移動する。 消火活動は、有効に行える最も遠い距離から、無人ホース保持具やモニター付きノズルを用いて消火する。 大火災の場合、無人ホース保持具やモニター付きノズルを用いて消火する。これが不可能な場合には、その場所から避難し、燃焼させておく。 消火後も、大量の水を用いて十分に容器を冷却する。
消火活動を行う者の特別の保護具及び予防措置	消火作業の際は、適切な空気呼吸器、化学用防護服を着用する。

6. 漏出時の措置

人体に対する注意事項、保護具及び緊急時措置	漏洩物に触れたり、その中を歩いたりしない。 直ちに、全ての方向に適切な距離を漏洩区域として隔離する。 関係者以外の立入りを禁止する。 作業者は適切な保護具（「8．ばく露防止及び保護措置」の項を参照）を着用し、眼、皮膚への接触や吸入を避ける。 風上に留まる。 低地から離れる。 密閉された場所に立入る前に換気する。
環境に対する注意事項	環境中に放出してはならない。 河川等に排出され、環境へ影響を起こさないように注意する。
封じ込め及び浄化の方法及び機材	少量の場合、乾燥土、砂や不燃材料で吸収し、あるいは覆って密閉できる空容器に回収する。 少量の場合、吸収したものを集めるとき、清潔な帯電防止工具を用いる。 大量の場合、盛土で囲って流出を防止し、安全な場所に導いて回収する。 大量の場合、散水は、蒸気濃度を低下させる。しかし、密閉された場所では燃焼を抑えることが出来ないおそれがある。 危険でなければ漏れを止める。 漏出物を取扱うとき用いる全ての設備は接地する。 蒸気抑制泡は蒸発濃度を低下させるために用いる。 すべての発火源を速やかに取除く（近傍での喫煙、火花や火炎の禁止）。 排水溝、下水溝、地下室あるいは閉鎖場所への流入を防ぐ。

7. 取扱い及び保管上の注意

取扱い	技術的対策	「8．ばく露防止及び保護措置」に記載の設備対策を行い、保護具を着用する。 「8．ばく露防止及び保護措置」に記載の局所排気、全体換気を行う。
	安全取扱い注意事項	使用前に使用説明書を入手すること。 すべての安全注意を読み理解するまで取扱わないこと。 周辺での高温物、スパーク、火気の使用を禁止する。 容器を転倒させ、落下させ、衝撃を加え、又は引きずるなどの取扱いをしてはならない。 接触、吸入又は飲み込まないこと。 空気中の濃度をばく露限度以下に保つために排気用の換気を行うこと。 取扱い後はよく手を洗うこと。 屋外又は換気の良い区域でのみ使用すること。 環境への放出を避けること。
	接触回避	「10．安定性及び反応性」を参照。
	衛生対策	取扱い後はよく手を洗うこと。
保管	安全な保管条件	熱、火花、裸火のような着火源から離して保管すること。－ 禁煙。 酸化剤から離して保管する。

111

	安全な容器包装材料	容器は直射日光や火気を避けること。 容器を密閉して換気の良い冷所で保管すること。 施錠して保管すること。 消防法及び国連輸送法規で規定されている容器を使用する。

8．ばく露防止及び保護措置

許容濃度等	管理濃度		20 ppm （エチルベンゼン）
	許容濃度	日本産衛学会（2015年度版）	50 ppm 217 mg/m^3 （エチルベンゼン）
		ACGIH（2015年版）	TLV-TWA: 20 ppm （87 mg/m^3） （エチルベンゼン）
設備対策			防爆の電気・換気・照明機器を使用すること。 静電気放電に対する予防措置を講ずること。 この物質を貯蔵ないし取扱う作業場には洗眼器と安全シャワーを設置すること。 空気中の濃度を制御するには、一般適正換気で十分である。 高熱工程でミストが発生するときは、空気汚染物質を管理濃度・許容濃度以下に保つために換気装置を設置する。
保護具	呼吸用保護具		適切な呼吸器保護具を着用すること。
	手の保護具		適切な保護手袋を着用すること。
	眼、顔面の保護具		適切な眼の保護具を着用すること。 保護眼鏡（普通眼鏡型、側板付き普通眼鏡型、ゴーグル型）
	皮膚及び身体の保護具		適切な顔面用の保護具を着用すること。 必要に応じて適切な保護衣、保護面を使用すること。

9．物理的及び化学的性質

物理状態	液体（20℃、1気圧）（GHS判定）
色	無色（ICSC（2007））
臭い	芳香（ACGIH（7th, 2001））
融点／凝固点	− 95℃（融点）（ICSC（2007））
沸点又は初留点及び沸騰範囲	136℃（沸点）（ICSC（2007））
可燃性	データなし
爆発下限界及び爆発上限界／可燃限界	下限　1.0 vol%、　上限　6.7 vol%（ICSC（2007））
引火点	18℃（密閉式）（ICSC（2007））
自然発火点	432℃（ICSC（2007））
分解温度	データなし
pH	データなし
動粘性率	0.739mm^2/s　（計算値　at25℃）
溶解度	水：0.015 g/100 mL（20℃）（ICSC（2007））
n-オクタノール／水分配係数	log Pow = 3.1（ICSC（2007））
蒸気圧	0.9 kPa（20℃）（ICSC（2007））
密度及び／又は相対密度	0.866（25℃/25℃）
相対ガス密度	3.7（空気＝1）（ICSC（2007））
粒子特性	非該当
その他のデータ	データなし

10．安定性及び反応性

反応性	引火性の高い液体。 蒸気と空気の混合物は爆発性を有する。 ごくわずかに水に溶ける。 水より軽い。 強酸化剤である。 蒸気は空気より重い。
化学的安定性	データなし
危険有害反応可能性	ゴムは長時間作用を受けると、まず腐食作用を受け、その後軟化する。 酸化剤と接触すると反応する。
避けるべき条件	データなし
混触危険物質	データなし

危険有害な分解生成物	加熱による分解で刺激性の煙又はヒュームを生じる。

11. 有害性情報

急性毒性　　経口	GHS 分類：区分外 ラットの LD50 値として、3,500 mg/kg（環境省リスク評価第 13 巻（2015））、3,500 mg/kg（PATTY（6th, 2012）、ATSDR（2010）、ACGIH（7th, 2001）、産衛学会許容濃度の提案理由書（2001）、NTP TR 466（1999）、EHC 186（1996））、4,700 mg/kg（EHC 186（1996））、4,769 mg/kg（ATSDR（2010））、3,500-4,700 mg/kg（ACGIH（7th, 2011）、NITE 初期リスク評価書（2007）、4,734 mg/kg（PATTY（6th, 2012））、SIDS（2005））、3,500-5,500 mg/kg（IARC 77（2000）、3,500～5,500 mg/kg（PATTY（6th, 2012））との 8 件の報告がある。最も多くのデータ（5 件）が該当する区分外（国連分類基準の区分 5）とした。なお、3 件は複数データをまとめた値であるために、分類には採用しなかった。
経皮	GHS 分類：区分外 ウサギの LD50 値として、5,000 mg/kg（PATTY（6th, 2012））、> 5,000 mg/kg（環境省リスク評価第 13 巻（2015））、15,400 mg/kg（15,433 mg/kg）（環境省リスク評価第 13 巻（2015）、PATTY（6th, 2012）、ATSDR（2010）、NITE 初期リスク評価書（2007）、SIDS（2005）、産衛学会許容濃度の提案理由書（2001））、77,400 mg/kg（EHC 186（1996））との報告に基づき、区分外とした。
吸入：ガス	GHS 分類：分類対象外 GHS の定義における液体である。
吸入：蒸気	GHS 分類：区分 4 ラットの LC50 値（4 時間）として、4,000 ppm との報告（PATTY（6th, 2012）、ATSDR（2010）、NITE 初期リスク評価書（2007）、SIDS（2005）、産衛学会許容濃度の提案理由書（2001）、IARC 77（2000）、NTP TR 466（1999）、EHC 186（1996））に基づき、区分 4 とした。なお、LC50 値が飽和蒸気圧濃度（12,537 ppm）より低いため、ミストを含まないものとして ppm を単位とする基準値を適用した。
吸入：粉じん及びミスト	GHS 分類：分類できない データ不足のため分類できない。
皮膚腐食性 / 皮膚刺激性	GHS 分類：区分外 ウサギを用いた皮膚刺激性試験において、本物質の原液 0.1 mL を適用した結果、軽度の刺激性が見られたとの報告がある（ATSDR（1999）、NITE 初期リスク評価書（2007））。以上より、区分外（国連分類基準の区分 3）とした。
眼に対する重篤な損傷性 / 眼刺激性	GHS 分類：区分 2B ウサギを用いた眼刺激性試験において、本物質の原液を適用した結果、結膜に軽度の刺激性がみられたとの報告や、軽度の刺激性がみられたとの報告がある（EHC 186（1996）、NITE 初期リスク評価書（2007））。以上より、区分 2B とした。
呼吸器感作性又は皮膚感作性	GHS 分類：分類できない データ不足のため分類できない。なお、ボランティア 25 人に対するマキシマイゼーション試験の結果、感作性はみられなかったとの報告がある（ACGIH（7th, 2002）、SIDS（2005））が、試験法等詳細不明である事から区分に用いるには不十分なデータと判断した。
生殖細胞変異原性	GHS 分類：分類できない ガイダンスの改訂により「区分外」が選択できなくなったため、分類できないとした。すなわち、in vivo では、マウスの骨髄細胞、末梢血赤血球を用いた小核試験、マウスの不定期 DNA 合成試験で陰性である（NITE 初期リスク評価書（2007）、SIDS（2005）、ACGIH（7th, 2011）、IARC 77（2000）、NTP TR 466（1999）、ATSDR（2010）、EHC 186（1996））。In vitro では、細菌の復帰突然変異試験、哺乳類培養細胞の染色体異常試験、姉妹染色分体交換試験で陰性、哺乳類培養細胞のマウスリンフォーマ試験で陰性及び陽性、哺乳類培養細胞の小核試験で陽性である（NITE 初期リスク評

発がん性	価書 (2007)、SIDS (2005)、ACGIH (7th, 2011)、IARC 77 (2000)、NTP TR 466 (1999)、ATSDR (2010)、ECETOC JACC (1986)、EHC 186 (1996))。 GHS 分類：区分 2 ヒトではチェコスロバキアのエチルベンゼン製造工場で本物質にばく露作業者で、がんの過剰リスクはみられなかったが、記述は不十分であったとされる (IARC 77 (2000)、NITE 初期リスク評価書 (2007))。また、米国のスチレン重合工場で本物質にばく露された作業者では 15 年間の追跡調査の間に、がんによる過剰死亡はなかったとの記述がある (IARC 77 (2000))。一方、実験動物ではラット、又はマウスを用いた吸入経路による 2 年間発がん性試験において、ラットでは腎尿細管腺腫、及び腎尿細管腺腫とがんの合計の発生頻度の増加（単純切片作成法）が雄に、腎臓標本の段階的切片作成法を行った結果、尿細管腫瘍（腺腫とがんの合計）の頻度増加は雌でも確認された (IARC 77 (2000)、NITE 初期リスク評価書 (2007)、環境省初期リスク評価第 13 巻 (2015))。また、マウスでは肺胞／細気管支の腺腫の頻度増加が雄に、肝細胞腺腫と肝細胞がんの合計頻度の増加が雌にそれぞれ認められた (IARC 77 (2000)、NITE 初期リスク評価書 (2007)、環境省初期リスク評価第 13 巻 (2015))。さらに、本物質の代謝物の 1- フェニルエタノールのラットを用いた強制経口投与試験でも、尿細管の腺腫、又はがんの発生が雄に認められている (IARC 77 (2000))。以上の結果を基に、IARC は本物質の発がん性に関して、ヒトでは不十分な証拠しかないが、実験動物では十分な証拠があるとして、グループ 2B に分類した (IARC 77 (2000))。他機関による分類結果としては、日本産業衛生学会が 2B に（産衛誌 56 巻 (2014))、ACGIH が A3 に分類している (ACGIH (7th, 2011))。以上より、区分 2 とした。なお、EU CLP 分類では、本物質に対し発がん性の分類区分を付していない (ECHA CL Inventory (Access on August 2015))。
生殖毒性	GHS 分類：区分 1B ラットを用いた吸入経路による 2 世代生殖毒性試験では、25 〜 500 ppm（約 108 〜 2,150 mg/m^3）の用量範囲では、F0、F1 世代とも雌雄親動物の性機能・生殖能への有害性影響はみられていない (ATSDR (2010))。しかしながら、雌ラットに本物質を 100 又は 1,000 ppm（約 430、4,300 mg/m^3）の濃度で 3 週間吸入ばく露後に、非ばく露の雄と交配させ、妊娠雌をさらに妊娠 19 日まで同一濃度でばく露した結果、1,000 ppm（約 4,300 mg/m^3）では母動物に肝臓、腎臓、脾臓の重量増加（組織変化を伴わず）がみられ、胎児には発生毒性として骨格変異（過剰肋骨）の頻度増加 (14%) がみられた (SIDS (2005)) との記述がある。一方、妊娠ウサギに同様に本物質を 100 又は 1,000 ppm（約 430、4,300 mg/m^3）の濃度で妊娠 1 〜 24 日に吸入ばく露した試験では、母動物毒性（肝臓重量増加）が 1,000 ppm（約 4,300 mg/m^3）でみられたのみで、胎児に発生毒性影響はみられていない (SIDS (2005))。この他、妊娠ラットの妊娠 7 〜 15 日に 600 〜 2400 mg/m^3 で、死亡、吸収胚の増加、骨化遅延の胎児数の増加、高濃度では奇形がみられ、妊娠マウスの妊娠 6 〜 15 日に 500 mg/m^3 で吸入ばく露した試験では、母動物毒性の記述がないが、胎児に奇形がみられたとの記述があるが、これらの試験報告は吸入ばく露方法、奇形の定義や影響のみられた例数の記述が不十分であり、データの利用には制限があるとしている (SIDS (2005))。 一方、日本産業衛生学会はこれら奇形が示された報告を原著で確認し、確かに記述の詳細さを欠くものの、ラット、又はマウスでみられた奇形は主に尿路系の奇形で、これを含む何らかの形態的な異常を示す胎児、又は児動物の割合が増加したこと、また、妊娠ウサギの器官形成期吸入ばく露試験では、奇形発生はみられていないが、胎児に発生影響（胎児重量の低値）が 500 mg/m^3 で、母動物の全例流産が 1,000 mg/m^3 でみられていることを記述した上で、ヒトでは明確な生殖毒性影響の報告はないが、実験動物で生殖毒性が生じることは確実であるとして、生殖毒性第 2 群（ヒトに対しておそらく生殖毒性を示すと判断される物質）に分類した（産衛誌 56 巻 (2014))。

特定標的臓器毒性（単回ばく露）	以上、本項は実験動物での奇形を含む発生毒性影響を基に、区分 1B とした。なお、EU CLP 分類では生殖毒性の分類区分を付していない（ECHA CL Inventory（Access on August 2015））。 GHS 分類：区分 3（気道刺激性、麻酔作用） 本物質は気道刺激性がある（ACGIH（7th, 2011）、環境省リスク評価第 13 巻（2015）、産衛学会許容濃度の提案理由書（2001）、EHC 186（1996）、ATSDR（2010）、PATTY（6th, 2012）、ECETOC JACC（1986））。ヒトにおいては、吸入ばく露で咳、咽頭痛、眩暈、嗜眠、頭痛、経口摂取で咽喉や胸部の灼熱感が報告されている（ACGIH（7th, 2011）、環境省リスク評価第 13 巻（2015）、産衛学会許容濃度の提案理由書（2001）、EHC 186（1996）、ATSDR（2010）、PATTY（6th, 2012））。 実験動物では、6.2 mg/L の吸入ばく露で呼吸数減少、8.7 mg/L 以上の吸入ばく露で、協調運動失調、中枢神経抑制、麻酔作用、歩行・運動障害、正向反射消失、前肢握力低下、意識消失、振戦、四肢痙攣、用量不明であるが、鎮静、閉眼、知覚麻痺が報告されている（NITE 初期リスク評価書（2007）、環境省リスク評価第 1 巻（2002）、ACGIH（7th, 2011）、ATSDR（2010）、EHC 186（1996）、ECETOC JACC（1986））。吸入ばく露での呼吸数減少は刺激性あるいは麻酔作用に伴う二次的影響と判断した。また、振戦、四肢痙攣は高用量での所見であり、麻酔作用とした。 以上より、本物質の影響は、気道刺激性、麻酔作用であり、区分 3（気道刺激性、麻酔作用）とした。
特定標的臓器毒性（反復ばく露）	GHS 分類：区分 2（聴覚器） 実験動物において、ラットを用いた 13 週間吸入毒性試験において、区分 2 の範囲である 200 ppm（ガイダンス値換算：0.75 mg/L）でコルチ器の外有毛細胞減少が報告されている（ACGIH（7th, 2011）、環境省リスク評価第 13 巻（2015））。 なお、本物質単独ではないが、ヒトの疫学調査において、エチルベンゼンを含む溶剤の職業ばく露によって、難聴が生じたことが報告されている（ACGIH（7th, 2011））。 以上のように、ヒトでは混合ばく露であることから本物質と聴覚障害との関連性は不明確であるが、実験動物で区分 2 の範囲で聴覚器への影響がみられている。 したがって、区分 2（聴覚器）とした。 旧分類以降の新たな情報を用いたことにより分類が変わった。
誤えん有害性	GHS 分類：区分 1 炭化水素であり、HSDB に収載された数値データ（粘性率：0.64 mPa・s（25℃）、密度（比重）：0.867）から算出した動粘性率が 0.738 mm^2/sec（25℃）であるため、区分 1 とした。また、少量のエチルベンゼンを吸引しても、粘性率及び表面張力が低く、肺表面の組織に広範囲に拡散する可能性があり、重度の傷害を生じるおそれがあるとの記述がある（HSDB（Access on Augusut 2015））。
12. 環境影響情報 生態毒性　水生環境有害性　短期（急性）	GHS 分類：区分 1 甲殻類（ブラウンシュリンプ）の 96 時間 LC50=0.4mg/L（CERI・NITE 有害性評価書（暫定版）、2006）から、区分 1 とした。
水生環境有害性　長期間（慢性）	慢性毒性データを用いた場合、急速分解性がなく（良分解性、標準法における BOD による分解度：0%（通産省公報，1990））、甲殻類（ネコゼミジンコ）の 7 日間 NOEC ＝ 0.956 mg/L（環境省リスク評価第 13 巻，2015）であることから、区分 2 となる。 慢性毒性データが得られていない栄養段階に対して急性毒性データを用いた場合、急速分解性がなく、魚類（ストライプトバス）の 96 時間 LC50 ＝ 3.7 mg/L（NITE 初期リスク評価書，2007）であることから、区分 2 となる。 以上の結果から、区分 2 とした。
残留性・分解性	通産省公報（ 1990/12/28 ）よりエチルベンゼンは分解性が良好と判断される
生態蓄積性	データなし

土壌中への移動性	データなし
オゾン層への有害性	当該物質はモントリオール議定書の附属書に列記されていない。

13. 廃棄上の注意

	廃棄においては、関連法規並びに地方自治体の基準に従うこと。
残余廃棄物	都道府県知事などの許可を受けた産業廃棄物処理業者、もしくは地方公共団体がその処理を行っている場合にはそこに委託して処理する。 廃棄物の処理を依託する場合、処理業者等に危険性、有害性を十分告知の上処理を委託する。
汚染容器及び包装	容器は洗浄してリサイクルするか、関連法規制ならびに地方自治体の基準に従って適切な処分を行う。 空容器を廃棄する場合は、内容物を完全に除去すること。

14. 輸送上の注意

該当の有無は製品によっても異なる場合がある。法規に則った試験の情報と、12 項の環境影響情報とに基づいて、修正が必要な場合がある。

国際規制

国連番号	1175
品名（国連輸送名）	ETHYLBENZENE
国連分類	3
副次危険	－
容器等級	Ⅱ
海洋汚染物質	該当する
MARPOL73/78 附属書Ⅱ及びIBC コードによるばら積み輸送される液体物質	該当する

国内規制

海上規制情報	船舶安全法に従う。
航空規制情報	航空法に従う。
陸上規制情報	消防法、道路法に従う。
特別安全対策	移送時にイエローカードの保持が必要。 輸送に際しては、直射日光を避け、容器の破損、腐食、漏れのないように積み込み、荷崩れの防止を確実に行う。 重量物を上積みしない。
応急措置指針番号	130

15. 適用法令

法規制情報は作成年月日時点に基づいて記載されております。事業場において記載するに当たっては、最新情報を確認してください。

化審法	優先評価化学物質 旧第 2 種監視化学物質
労働安全衛生法	危険物・引火性の物 名称等を表示すべき危険有害物（法第 57 条、施行令第 18 条別表第9） 名称等を通知すべき危険有害物（法第 57 条の 2、施行令第 18 条の2 別表第 9） リスクアセスメントを実施すべき危険有害物（法第 57 条の 3） 特定化学物質第 2 類物質、特別有機溶剤等 特定化学物質特別管理物質 作業環境評価基準
港則法	その他の危険物・引火性液体類
航空法	引火性液体
道路法	車両の通行の制限
消防法	第 4 類引火性液体、第一石油類非水溶性液体
船舶安全法	引火性液体類
大気汚染防止法	揮発性有機化合物 有害大気汚染物質に該当する可能性がある物質
海洋汚染防止法	危険物 有害液体物質
化学物質排出把握管理促進法（PRTR 法）	第 1 種指定化学物質

外国為替及び外国貿易管理法	輸出貿易管理令別表第 1 の 16 の項 輸出貿易管理令別表第 2 輸入貿易管理令第 4 条第 1 項第 2 号輸入承認品目「2 の 2 号承認」
特定廃棄物輸出入規制法 （バーゼル法）	廃棄物の有害成分・法第 2 条第 1 項第 1 号イに規定するもの
高圧ガス保安法	可燃性ガス 毒性ガス

16. その他の情報

安全上重要であるがこれまでの項目名に直接関係しない情報

| 引用文献 | | 任意 |
| 参考文献 | 各データ毎に記載した。 | 任意 |

［注意］本 SDS は JIS Z7253:2019 に準拠して改訂しています。
本 SDS は職場のあんぜんサイトの MODEL SDS をもとに JIS Z 7253 に準拠し改訂したものです。
詳細な情報等に関し保証するものではありません。あくまでも一事例として参照ください。

◎災害事例と SDS の読み取り方

　SDS 記載の危険有害性情報の読み取り方という観点から、厚生労働省のサイトより、発生原因として化学物質の危険有害性認識不足とされた事例を取り上げ、SDS から危険有害情報をいかに読み取るかのポイントを示した。SDS は「職場のあんぜんサイト」より検索し取り出したものである。SDS は誌面の関係から一部省略し重要な部分のみを掲載している。

　本情報はこの度の JIS 改正に対応したものに修正してあるが、一部修正すべき情報もあり得ることを踏まえて、あくまでもひとつの参考としてご活用願いたい。

災害事例

事例 1

● 事故の概要：アニリンを含む廃液をろ過する装置の撹拌機（かくはんき）が停止したため、マンホールを開けてろ過器底部を確認したところ、廃液残渣（ざんさ）が底部に固着し、これが抵抗となって撹拌機が停止していた。そのため、作業者がステンレス製の平板を用いて当該残渣を掻き出し、スコップでバケツに移して廃棄していたところ、体調不良を訴えた。一緒にいた作業指揮者が熱中症の疑いと判断し、塩飴とスポーツドリンクを飲むよう指示し、安静にさせた後、復調の兆しがあったため作業を再開させたところ、体調が急変し、病院に救急搬送された。搬送された病院では診断できず大学病院に転送、診察の結果、急性アニリン中毒と診断された。

・被災状況：　中毒（休業）1 名
・原因物質：　アニリン
・発生原因：＊危険有害性の認識不足
　　　　　　＊適切な保護具未装着
　　　　　　＊作業標準未作成
　　　　　　＊安全衛生教育不十分

SDS 情報の活用のポイント

　本事例は、アニリンを含む廃液中のアニリンにばく露したことによる急性中毒である。SDS2 項「危険有害性の要約」には、健康に対する有害性として急性毒性（吸入：蒸気）区分 2 および急性毒性（吸入：粉じん、ミスト）区分 4 が記載されている。絵表示としてどくろマークがある。この情報だけで一目で注意が必要なことが分かる。危険有害性情報には『皮膚に接触すると有毒、吸入すると生命に危険、強い眼刺激』と記載されている。安全対策には『使用前に取扱説明書を入手すること、全ての安全注意を読み理解するまで取り扱わないこと。』とある。さらに、『粉じん／煙／ガス／ミスト／蒸気／スプレーの吸入を避けること。保護手袋／保護衣／保護眼鏡／保護面を着用すること。【換気が不十分な場合】呼吸用保護具を着用すること。』と記載されている。

　本作業は非定常作業であるが、事前に SDS を読み取り、保護具等、ポータブルの換気装置などを準備し、適切にばく露防止対策を講じる必要があったといえる。

〈SDS（2. 危険有害性の要約）より〉

２．危険有害性の要約

GHS 分類	H29.3.1、政府向け GHS 分類ガイダンス（H25 年度改定版	
分類実施日	（ver1.1）：JIS Z 7252:2014 準拠）を使用 JIS Z 7252:2014	
（物化危険性及び健康有害性）	準拠）適用	
物理化学的危険性	引火性液体	区分 4
健康に対する有害性	急性毒性（経口）	区分 4
	急性毒性（経皮）	区分 3
	急性毒性（吸入：蒸気）	区分 2
	急性毒性（吸入：粉塵、ミスト）	区分 4
	眼に対する重篤な損傷性／眼刺激性	区分 2A
	皮膚感作性	区分 1
	生殖細胞変異原性	区分 2
	発がん性	区分 2
	生殖毒性	区分 2
	特定標的臓器毒性	
	（単回ばく露）	区分 1（血液系、神経系）
	特定標的臓器毒性	
	（反復ばく露）	区分 1（血液系、神経系）
	水生環境有害性（急性）	区分 1

> **ステップ 2**
> GHS 分類結果から危険有害性の詳細を確認しよう。眼／皮膚に影響があるときは、保護具は必須。急性毒性は特に注意が必要。

　GHS ラベル要素
　　絵表示

> **ステップ 1**
> 絵表示を見ておよそどのような危険有害性があるか把握しよう

　　注意喚起語　　　　　　　　　危険
　　危険有害性情報　　　　　　　可燃性液体
　　　　　　　　　　　　　　　　飲み込むと有害
　　　　　　　　　　　　　　　　皮膚に接触すると有毒

> **ステップ 3**
> 注意喚起語に危険有害性の程度を示す。きちんと把握しておこう。

第4章

吸入すると生命に危険
強い眼刺激
アレルギー性皮膚反応を起こすおそれ
遺伝性疾患のおそれの疑い
発がんのおそれの疑い
生殖能又は胎児への悪影響のおそれの疑い
血液系、神経系の障害
長期にわたる、又は反復ばく露による血液系、神経系の障害
水生生物に非常に強い毒性

注意書き
安全対策

使用前に取扱説明書を入手すること。
全ての安全注意を読み理解するまで取り扱わないこと。
熱／火花／裸火／高温のもののような着火源から遠ざけること。禁煙。
粉じん／煙／ガス／ミスト／蒸気／スプレーを吸入しないこと。
粉じん／煙／ガス／ミスト／蒸気／スプレーの吸入を避けること。
取扱後はよく手を洗うこと。
この製品を使用するときに、飲食又は喫煙をしないこと。
屋外又は換気の良い場所でのみ使用すること。
汚染された作業衣は作業場から出さないこと。
環境への放出を避けること。
保護手袋／保護衣／保護眼鏡／保護面を着用すること。
【換気が不十分な場合】呼吸用保護具を着用すること。

> ステップ4
> 注意書きをよく読み、禁止事項、注意事項を見て取扱い方法を見直そう。特に保護具着用はきちんと守ろう。

事例2

● 事故の概要：高速道路の橋梁桁に塗布された塗料の塗り替え工事で、近隣環境への配慮のためビニールシートで作業場を覆い、隔離措置された作業場でディスクサンダー等を用いて含鉛塗料の掻き落とし作業に従事した作業者3名が全身倦怠感、食欲不振、体の痛み、指のしびれ、急激な体重減少などを訴えた。

・被災状況：　中毒（休業）3名

・原因物質：　鉛

・発生原因：＊換気不十分

　　　　　　＊局所排気装置未設置

　　　　　　＊適切な呼吸用保護具未着用

　　　　　　＊危険有害性の認識不足

　　　　　　＊作業衣や保護具の洗浄不足

　　　　　　＊保護具の保管管理不足

　　　　　　＊作業主任者未選定

　　　　　　＊安全衛生教育不十分

SDS 情報の活用のポイント

　本事例は含鉛塗料の掻き落とし作業であり、隔離された作業場で塗料に含まれた鉛にばく露したことによる中毒である。鉛の SDS2 項「危険有害性の要約」には、健康に対する有害性として特定標的臓器・全身毒性（反復ばく露）区分1（造血系、腎臓、中枢神経系、末梢神経系、心血管系、免疫系）が記載されている。絵表示として健康有害性を示すマークがある。この情報だけで中毒等に注意が必要なことが分かる。危険有害性情報には『皮膚に接触すると有毒、吸入すると生命に危険、強い眼刺激』と記載されている。安全対策には『使用前に取扱説明書を入手すること、全ての安全注意を読み理解するまで取り扱わないこと。』とある。さらに、『粉じんを吸入しないこと。適切な保護具や換気装置を使用し、ばく露を避けること。』と記載されている。

　本作業は非定常作業と思われるが、事前に塗布された塗料について調べ、その SDS を取り寄せて読み、防じんマスクなどの保護具等、ポータブルの換気装置などを準備し、ばく露防止対策を講じる必要があったといえる。本事例のように、直接使用する物ではないが、掻き落とし、削り取りなどの作業により粉じんが発生する場合は、十分な事前調査と SDS 等による危険有害性の情報収集が必要である。条件によっては粉じん爆発のリスクもあり、着火源管理の徹底も必要である。

第4章

〈SDS（2. 危険有害性の要約）より〉
2. 危険有害性の要約
GHS 分類

物理化学的危険性	火薬類	区分に該当しない
	金属腐食性物質	分類できない
健康に対する有害性		
	急性毒性（経口）	分類できない
	急性毒性（経皮）	分類できない
	急性毒性（吸入：ガス）	区分に該当しない
	急性毒性（吸入：蒸気）	区分に該当しない
	急性毒性（吸入：粉じん）	分類できない
	急性毒性（吸入：ミスト）	分類できない
	皮膚腐食性・刺激性	分類できない
	眼に対する重篤な損傷・眼刺激性	分類できない
	呼吸器感作性	分類できない
	皮膚感作性	分類できない
	生殖細胞変異原性	区分 2
	発がん性	区分 2
	生殖毒性	区分 1A
	特定標的臓器・全身毒性（単回ばく露）	分類できない
	特定標的臓器・全身毒性（反復ばく露）	区分 1（造血系、腎臓、中枢神経系、末梢神経系、心血系、免疫系）
	誤えん有害性	分類できない

> **ステップ 2**
> GHS 分類結果から危険有害性の詳細を確認しよう。特定標的臓器毒性（反復ばく露）による毒性は数回のばく露で症状が出る場合がある。

絵表示又はシンボル

> **ステップ 1**
> 絵表示を見ておよそどのような危険有害性があるか把握しよう。
> 作業の中で取り扱う化学物質については、全て事前に確認することが重要。

> **ステップ 3**
> 注意喚起語は危険有害性の程度を示す。きちんと把握しよう。

注意喚起語　　　　危険
危険有害性情報
　　　　　　　　遺伝性疾患のおそれの疑い
　　　　　　　　発がんのおそれの疑い
　　　　　　　　生殖能又は胎児への悪影響のおそれ
　　　　　　　　長期又は反復ばく露による造血系、腎臓、中枢神経系、末梢神経系、心血管系、免疫系の障害

注意書き　　　　【安全対策】
　　　　　　　　全ての安全注意を読み理解するまで取り扱わないこと。
　　　　　　　　使用前に取扱説明書を入手すること。
　　　　　　　　この製品を使用する時に、飲食又は喫煙をしないこと。
　　　　　　　　適切な保護具や換気装置を使用し、ばく露を避けること。
　　　　　　　　粉じんを吸入しないこと。
　　　　　　　　取扱い後はよく手を洗うこと。
　　　　　　　　【応急措置】
　　　　　　　　ばく露又はその懸念がある場合、医師の診断、手当てを受けること。
　　　　　　　　気分が悪い時は、医師の手当て、診断を受けること。

> **ステップ 4**
> 注意書きをよく読み、禁止事項、注意事項を見て取扱い方法を見直そう。粉じん作業では防じんマスクを着用しよう。

事例３

● 事故の概要：農協の農業倉庫（米保管倉庫）で、作業者２名が、くん蒸作業が終了した倉庫に入り、くん蒸作業に用いた薬剤等の撤去作業を行っていたところ、倉庫内に充満していた薬剤のガス（リン化水素）を吸入し、吐き気、体のしびれ、胸痛、下痢、呼吸困難の症状を示した。救急搬送され、リン化水素ガスの中毒症と診断された。

・被災状況：　中毒（休業）２名

・原因物質：　リン化水素

・発生原因：＊換気不十分

　　　　　　＊呼吸用保護具未着用

　　　　　　＊危険有害性の認識不足

　　　　　　＊作業手順の不適切

　　　　　　＊濃度測定未実施

　　　　　　＊安全衛生教育不十分

　　　　　　＊リスクアセスメント不足

SDS 情報の活用のポイント

　本事例は農業倉庫のくん蒸作業で、くん蒸作業が終了した倉庫で薬剤等の撤去作業をしていたところ、倉庫内に充満していたリン化水素を吸入し中毒となった事例である。SDS2 項「危険有害性の要約」には、健康に対する有害性として特定標的臓器・全身毒性（単回ばく露）区分１（神経系、呼吸器系、肝臓、消化管、心血管系）、急性毒性（吸入：ガス）区分１が記載されている。絵表示としてどくろマークがあり、一目で極めて毒性が強いことが分かる。SDS の８項「ばく露防止および保護措置」には許容濃度として TLV-TWA0.3ppm、TLV-STEL1ppm（以下の SDS では省略）が記載されており、換気等によりこの濃度以下になっていることを確認してからでなければ倉庫内に立ち入ってはならない。安全対策には『適切な呼吸用保護具を着用すること。ガスを吸入しないこと。屋外又は換気の良い区域でのみ使用すること。』とある。入る際、防毒マスクの着用も必須である。さらに、応急措置として『吸入した場合、直ちに医師に連絡すること。ばく露した場合、医師に連絡すること。』と記載されているので、緊急時の連絡体制を整備しておくべきである

　事前にくん蒸用薬剤について調べてあると推定されるが、危険有害性の認識が不十分だったといえる。防毒マスクなどの保護具等、ポータブルの換気装置などを準備し、的確なばく露防止対策を講じる必要があったといえる。

2．危険有害性の要約
　　GHS 分類
　　　　物理化学的危険性　　　　　火薬類　　　　　　　　　　区分に該当しない

可燃性・引火性ガス	区分 1
可燃性・引火性エアゾール	区分に該当しない
支燃性・酸化性ガス	区分に該当しない
高圧ガス	圧縮ガス又は液化ガス
引火性液体	区分に該当しない
可燃性固体	区分に該当しない
自己反応性化学品	区分に該当しない
自然発火性液体	区分に該当しない
自然発火性固体	区分に該当しない
自己発熱性化学品	区分に該当しない
水反応可燃性化学品	区分に該当しない
酸化性液体	区分に該当しない
酸化性固体	区分に該当しない
有機過酸化物	区分に該当しない
金属腐食性物質	区分に該当しない

　　　　健康に対する有害性

急性毒性（経口）	区分に該当しない
急性毒性（経皮）	区分に該当しない
急性毒性（吸入：ガス）	区分 1
急性毒性（吸入：蒸気）	区分に該当しない
急性毒性（吸入：粉じん）	区分に該当しない
急性毒性（吸入：ミスト）	区分に該当しない
皮膚腐食性・刺激性	分類できない
眼に対する重篤な損傷・眼刺激性	分類できない
呼吸器感作性	分類できない
皮膚感作性	分類できない
生殖細胞変異原性	区分に該当しない
発がん性	区分に該当しない
生殖毒性	区分に該当しない
特定標的臓器・全身毒性（単回ばく露）	区分 1（神経系、呼吸器系、肝臓、消化管、心血管系）
特定標的臓器・全身毒性（反復ばく露）	区分に該当しない
誤えん有害性	区分に該当しない

ステップ 2
GHS 分類結果から危険有害性の詳細を確認しよう。急性毒性区分 1 は極めて毒性が強いので周到な準備、確認が必要。

ステップ 1
絵表示を見ておよそどのような危険有害性があるか把握しよう。

　　ラベル要素
　　　　絵表示又はシンボル

　　　　注意喚起語　　　　　　　　危険
　　　　危険有害性情報

ステップ 3
注意喚起語は危険有害性の程度を示す。きちんと把握しよう。

　　　　　　　　　　　　　　　極めて可燃性・引火性の高いガス
　　　　　　　　　　　　　　　加圧ガス：熱すると爆発するおそれ

注意書き

ステップ4
注意書きをよく読み、禁止事項、注意
事項を見て取扱い方法を見直そう。緊
急時の対応も取り決めよう。

吸入すると生命に危険（気体）

吸入ばく露による神経系、呼吸器系、肝臓、消化管、心血管系の障害

【安全対策】

熱、火花、裸火のような着火源から遠ざけること。－禁煙。

適切な呼吸用保護具を着用すること。

ガスを吸入しないこと。

この製品を使用する時に、飲食又は喫煙をしないこと。

屋外又は換気の良い区域でのみ使用すること。

取扱い後はよく手を洗うこと。

【応急措置】

漏洩ガス火災の場合、漏洩が安全に停止されない限り消火しないこと。

漏洩ガス火災の場合、安全に対処できるならば着火源を除去すること。

吸入した場合、被災者を新鮮な空気のある場所に移動し、呼吸しやすい
姿勢で休息させること。

吸入した場合、直ちに医師に連絡すること。

ばく露した場合、医師に連絡すること。

第4章

事例 4

● 事故の概要：工場内の無電解ニッケルめっきラインのめっき槽洗浄工程において、めっき槽の洗浄に使用した硝酸 3,000 リットルを硝酸貯蔵槽に移送するため、バルブを開けようとしたところ、誤ってめっき予備槽に送るバルブを開けたため、ニッケルめっき液の入っためっき予備槽およびめっき廃液地下ピット内に硝酸が流れ込み、大量の二酸化窒素が発生し、めっき廃液地下ピットおよび屋外煙突から流出し、工場内で作業を行っていた労働者が二酸化窒素中毒になった。

・被災状況：　中毒 1 名
・原因物質：　二酸化窒素
・発生原因：＊作業手順書改訂未実施
　　　　　　＊安全衛生教育不十分
　　　　　　＊危険有害性の認識不足
　　　　　　＊リスクアセスメント未実施

SDS 情報の活用のポイント

　本事例は大量の硝酸を硝酸貯蔵槽に移送するときに、バルブ操作を誤り、めっき予備槽等に硝酸が流れ込み大量の二酸化窒素が発生、続いて、めっき廃液地下ピット等から流出し、工場内で作業を行っていた労働者が二酸化窒素中毒になった事例である。SDS2 項「危険有害性の要約」には、健康に対する有害性として急性毒性（吸入：ガス）区分 1、眼に対する重篤な損傷性又は眼刺激性区分 2 などが記載されている。絵表示としてどくろマークがあり、極めて毒性が強いことが分かる。安全対策には『粉じん／煙／ガス／ミスト／蒸気／スプレーを吸入しないこと。保護手袋／保護衣／保護眼鏡／保護面を着用すること。』などとある。さらに、応急措置として『ばく露又はばく露の懸念がある場合：医師に連絡すること。ばく露又はばく露の懸念がある場合：医師の診断／手当てを受けること。直ちに医師に連絡すること。』と記載されているので、緊急時の連絡体制を整備しておくべきである

　直接二酸化窒素を取り扱っていないが、硝酸を取り扱う設備に関しリスクアセスメントを実施し、誤操作などにより硝酸が大量に流出したときに周囲の状況によっては二酸化窒素が生成するリスクがあることを洗い出し、緊急時の対応を検討、整備しておくべきである。また、緊急時のため防毒マスクなどの保護具等の準備を確実に行うとともに、避難訓練等も実施することが望まれる。

2．危険有害性の要約

GHS 分類

分類実施日	H25.9.19、政府向け GHS 分類ガイダンス（H25.7 版）を使用 GHS 改訂 4 版を使用

物理化学的危険性 　　　　支燃性又は酸化性ガス　　　　　　　区分 1

　　　　　　　　　　　　　高圧ガス　　　　液化ガス

健康に対する有害性 　　　急性毒性（吸入：ガス）　　　　　　区分 1

　　　　　　　　　　　　　眼に対する重篤な損傷性又は眼刺激性　区分 2

ステップ 2

GHS 分類結果から危険有害性の詳細を確認しよう。急性毒性区分 1 は極めて毒性が強いので周到な準備、確認が必要。

生殖毒性 　　　　　　　　　　　　　　　　　　　　　　　区分 2

　　　　　　　　　　　　特定標的臓器毒性（単回ばく露）　　　区分 1（呼吸器）、

　　　　　　　　　　　　　　　　　　　　　　　　　　　　区分 3（麻酔作用）

　　　　　　　　　　　　特定標的臓器毒性（反復ばく露）　　　区分 1（肺、免疫系）

GHS ラベル要素

絵表示

ステップ 1

絵表示を見ておよそどのような危険有害性があるか把握しよう。

漏出により二次的に発生する化学物質についても事前に調査することが重要。

注意喚起語 　　　　　　　危険

危険有害性情報 　　　　　発火又は火災助長のおそれ：酸化性物質

　　　　　　　　　　　　高圧ガス：熱すると爆発のおそれ

ステップ 3

注意喚起語は危険有害性の程度を示す。きちんと把握しよう。

　　　　　　　　　　　　強い眼刺激

　　　　　　　　　　　　吸入すると生命に危険

　　　　　　　　　　　　眠気又はめまいのおそれ

　　　　　　　　　　　　生殖能又は胎児への悪影響のおそれの疑い

　　　　　　　　　　　　呼吸器の障害

　　　　　　　　　　　　長期にわたる、又は反復ばく露による肺、免疫系の障害

注意書き 　　　　　　　　【安全対策】

　　　　　　　　　　　　使用前に取扱説明書を入手すること。

　　　　　　　　　　　　全ての安全注意を読み理解するまで取り扱わないこと。

ステップ 4

注意書きをよく読み、禁止事項、注意事項を見て取扱い方法を見直そう。緊急時の対応も取り決めよう。応急措置も整理しておこう。

　　　　　　　　　　　　衣類及び他の可燃物から遠ざけること。

　　　　　　　　　　　　バルブ及び付属品にはグリース及び油を使用しないこと。

　　　　　　　　　　　　粉じん／煙／ガス／ミスト／蒸気／スプレーを吸入しないこと。

　　　　　　　　　　　　粉じん／煙／ガス／ミスト／蒸気／スプレーの吸入を避けること。

　　　　　　　　　　　　取扱後はよく手を洗うこと。

　　　　　　　　　　　　この製品を使用するときに、飲食又は喫煙をしないこと。

　　　　　　　　　　　　屋外又は換気の良い場所でのみ使用すること。

第4章

環境への放出を避けること。

保護手袋／保護衣／保護眼鏡／保護面を着用すること。

【換気が不十分な場合】呼吸用保護具を着用すること。

【応急措置】

吸入した場合：空気の新鮮な場所に移し、呼吸しやすい姿勢で休息させること。

眼に入った場合：水で数分間注意深く洗うこと。次にコンタクトレンズを着用していて容易に外せる場合は外すこと。その後も洗浄を続けること。

ばく露又はばく露の懸念がある場合：医師に連絡すること。

ばく露又はばく露の懸念がある場合：医師の診断／手当てを受けること。

直ちに医師に連絡すること。

気分が悪い時は医師に連絡すること。

気分が悪いときは、医師の診断／手当てを受けること。

特別な処置が緊急に必要である（このラベルの・・・を見よ）。

特別な処置が必要である（このラベルの・・・を見よ）。

眼の刺激が続く場合：医師の診断／手当てを受けること。

火災の場合：安全に対処できるならば漏えい（洩）を止めること。

事例 5

● 事故の状況：被災者は農場の鶏舎内において、動力噴霧機を用いて有機リン系殺虫剤の散布作業を行っていた。上下雨具、長靴、ヘルメット、防じん用保護めがね、不織布製のマスク、塩ビ製の手袋を着用していたが、手袋や雨具袖口の内部に殺虫剤溶液が浸み込み前腕部分やマスクに付着した。午後6時頃、体調に異変を感じたが、そのまま作業を継続し、午後6時30分頃、作業が終了した。その後、嘔吐等の症状が現れたため、家族とともに病院へ行ったところ、有機リン中毒の診断を受けた。

・被災状況：　　中毒 1 名

・原因物質：　　ジメチル = 2,2,2- トリクロロ -1- ヒドロキシエチルホスホナート

　　　　　　　　（別名：トリクロルホン）

・発生原因：＊適切な呼吸用保護具未着用

　　　　　　　＊ SDS の未入手

　　　　　　　＊安全衛生教育不十分

　　　　　　　＊危険有害性の認識不足

SDS 情報の活用のポイント

　　本事例は動力噴霧機を用いて有機リン系殺虫剤の散布作業中の事故であり、上下雨具、長靴、ヘルメット、防じん用保護めがね、不織布製のマスク、塩ビ製の手袋を着用していたが、手袋や雨具袖口の内部に殺虫剤溶液が浸み込み、有機リン中毒になった事例である。SDS2 項「危険有害性の要約」には、健康に対する有害性として急性毒性（吸入：粉じん、ミスト）区分 3、眼に対する重篤な損傷性／眼刺激性区分 2A、皮膚感作性区分 1、特定標的臓器毒性（単回ばく露）区分 1（神経系）などが記載されている。絵表示としてどくろマークがあり、極めて毒性が強いことが分かる。安全対策には『使用前に取扱説明書を入手すること。全ての安全注意を読み理解するまで取り扱わないこと。粉じん／煙／ガス／ミスト／蒸気／スプレーを吸入しないこと。保護手袋／保護衣／保護眼鏡／保護面を着用すること。』などとある。

　　したがって、SDS の内容を理解し、保護具メーカーに相談するなどにより、保護手袋等は薬剤の透過、浸透を十分防ぐことができる材質のものを適切に選定し正しく着用しなければならない。さらに、応急措置として『皮膚に付着した場合：多量の水と石けんで洗うこと。吸入した場合：空気の新鮮な場所に移し、呼吸しやすい姿勢で休息させること。眼に

第 4 章

入った場合：水で数分間注意深く洗うこと。次にコンタクトレンズを着用していて容易に外せる場合は外すこと。その後も洗浄を続けること。ばく露又はばく露の懸念がある場合：医師の診断／手当てを受けること。気分が悪いときは、医師の診断／手当てを受けること。』などと記載されているので、異常を感じたときは直ちに医師の診断を受けるべきであり、緊急時の対応を整備しておくべきである。

2．危険有害性の要約
　　GHS 分類
　　　健康に対する有害性

急性毒性（経口）	区分 4
急性毒性	区分 3
（吸入：粉じん、ミスト）	
眼に対する重篤な損傷性／眼刺激性	区分 2A
皮膚感作性	区分 1
生殖細胞変異原性	区分 1B
生殖毒性	区分 1B
特定標的臓器毒性	区分 1（神経系）
（単回ばく露）	
特定標的臓器毒性	区分 1（神経系、血液）、
（反復ばく露）	区分 2（消化管、肝臓、腎
誤えん有害性	

ステップ 2
GHS 分類結果から危険有害性の詳細を確認しよう。特定標的臓器毒性（単回ばく露）区分 1 は極めて毒性が強い場合があり、十分な注意が必要。

ステップ 1
絵表示を見ておよそどのような危険有害性があるか把握しよう。

　　GHS ラベル要素
　　　絵表示

注意喚起語
危険有害性情報

ステップ 3
注意喚起語は危険有害性の程度を示す。きちんと把握しよう。

危険
飲み込むと有害
アレルギー性皮膚反応を起こすおそれ
強い眼刺激
吸入すると有毒
遺伝性疾患のおそれ
生殖能又は胎児への悪影響のおそれ
神経系の障害
長期にわたる、又は反復ばく露による神経系、血液の障害
長期にわたる、又は反復ばく露による消化管、肝臓、腎臓、精巣、卵巣の障害のおそれ

注意書き
安全対策

ステップ 4
注意書きをよく読み、禁止事項、注意事項を見て取扱い方法を見直そう。保護具は簡単な作業でも必ず着用しよう。応急措置も整理しておこう。

使用前に取扱説明書を入手すること。
全ての安全注意を読み理解するまで取り扱わないこと。
粉じん／煙／ガス／ミスト／蒸気／スプレーを吸入しないこと。
取扱後はよく手を洗うこと。
この製品を使用するときに、飲食又は喫煙をしないこと。
屋外又は換気の良い場所でのみ使用すること。
汚染された作業衣は作業場から出さないこと。
環境への放出を避けること。
保護手袋／保護衣／保護眼鏡／保護面を着用すること。

応急措置	飲み込んだ場合：気分が悪いときは医師に連絡すること。
	皮膚に付着した場合：多量の水と石けん（鹸）で洗うこと。
	吸入した場合：空気の新鮮な場所に移し、呼吸しやすい姿勢で休息させること。
	眼に入った場合：水で数分間注意深く洗うこと。次にコンタクトレンズを着用していて容易に外せる場合は外すこと。その後も洗浄を続けること。
	ばく露又はばく露の懸念がある場合：医師の診断／手当てを受けること。
	気分が悪いときは、医師の診断／手当てを受けること。
	特別な処置が必要である。
	口をすすぐこと。
	皮膚刺激又は発しん（疹）が生じた場合：医師の診断、手当てを受けること。
	眼の刺激が続く場合：医師の診断／手当てを受けること。
	医師に連絡すること。
	汚染された衣類を脱ぎ、再使用する場合には洗濯をすること。
	漏出物を回収すること。

第4章

事例6

● 事故の状況：被災者は、社用車の後部荷物室に新聞紙で包んだドライアイス 174 キログラムを積み運搬していたところ、気化した二酸化炭素が車内に充満し呼吸困難となった。事業所駐車場に戻った時点で意識が薄く、救急車で病院に搬送され、右小脳出血、急性二酸化炭素中毒、高血圧性脳内出血と診断された。

・被災状況：　中毒1名

・原因物質：　二酸化炭素

・発生原因：＊作業標準不徹底

　　　　　　＊換気不十分

　　　　　　＊危険有害性の認識不足

　　　　　　＊安全衛生教育不十分

SDS 情報の活用のポイント

　本事例はドライアイスを大量に運搬していたところ、気化した二酸化炭素が車内に充満し急性二酸化炭素中毒になった事例である。SDS2 項「危険有害性の要約」には、健康に対する有害性として特定標的臓器・全身毒性（単回ばく露）区分 3（麻酔作用）が記載されている。絵表示として健康有害性を示すマークがあることが分かる。SDS の 8 項「ばく露防止及び保護措置」に許容濃度として日本産業衛生学会の 5000ppm が記載されている。安全対策には『ガスの吸入を避けること。屋外または換気の良い場所でのみ使用すること。』とある。ドライアイスは日常でも使用されることがあり、健康有害性も強くない。しかし、換気の悪い場所に充満した場合、二酸化炭素中毒になるおそれがあり、屋外または換気のよい場所で取り扱わなければならない。さらに、応急措置として『吸入した場合、空気の新鮮な場所に移し、呼吸しやすい姿勢で休息させること。吸入した場合、気分が悪い時は、医師に連絡すること。』と記載されているので、異常を感じたときは直ちに医師の診断を受けるべきである。普段頻繁に取り扱っており、ほとんどの場合、高濃度の二酸化炭素にさらされることはない。しかしながら、どのような場合も取扱いの状況をきちんと判断し、高濃度にばく露されることがないよう、十分な注意が必要である。

2. 危険有害性の要約
　　GHS 分類
　　　物理化学的危険性
　　　健康に対する有害性

急性毒性（経口）	分類できない
急性毒性（経皮）	分類できない
急性毒性（吸入：ガス）	区分に該当しない
急性毒性（吸入：蒸気）	区分に該当しない
急性毒性（吸入：粉じん）	区分に該当しない
急性毒性（吸入：ミスト）	区分に該当しない
皮膚腐食性・刺激性	分類できない
眼に対する重篤な損傷・眼刺激性	分類できない
呼吸器感作性	分類できない
皮膚感作性	分類できない
生殖細胞変異原性	分類できない
発がん性	分類できない
生殖毒性	分類できない
特定標的臓器・全身毒性（単回ばく露）	区分 3（麻酔作用）
特定標的臓器・全身毒性（反復ばく露）	分類できない
誤えん呼吸器有害性	区分に該当しない

> **ステップ 2**
> GHS 分類結果から危険有害性の詳細を確認しよう。特定標的臓器毒性（単回ばく露）は弱い毒性であっても十分な注意が必要。

　　ラベル要素
　　　絵表示又はシンボル

> **ステップ 1**
> 絵表示を見ておよそどのような危険有害性があるか把握しよう。

　　　注意喚起語　　　　　　警告
　　　危険有害性情報　　　眠気やめまいのおそれ

> **ステップ 3**
> 注意喚起語は危険有害性の程度を示す。きちんと把握しよう。眠気やめまいは二次災害につながる。

　　　注意書き

> **ステップ 4**
> 注意書きをよく読み、禁止事項、注意事項を見て取扱い方法を見直そう。普段から取り扱っている物質でも大量に取り扱う場合、健康障害を起こすことがある。

【安全対策】
ガスの吸入を避けること。
屋外または換気の良い場所でのみ使用すること。
【応急措置】
吸入した場合、空気の新鮮な場所に移し、呼吸しやすい姿勢で休息させること。
吸入した場合、気分が悪い時は、医師に連絡すること。

第4章

事例 7

● 事故の状況：スタジオ内においてテレビ用コマーシャルの撮影作業をしていたところ、スタッフ 32 名のうち 16 名が、同日の昼から夜間にかけ、のどの痛み、咳、発熱、全身の倦怠感などの症状を訴え、救急搬送された。病名は全員「ガス中毒」であった。当日は、撮影の準備作業として、午前 7 時から床面を水性塗料で塗装する作業を行い、9 時から 11 時まで塗装を乾燥させた後、11 時からの撮影時にはスタジオを閉切りにし、換気の悪い状態で作業を行っていた。

・被災状況：　中毒 16 名

・原因物質：　エチレン酢酸ビニル共重合樹脂、2,2,4- トリメチル -1,3- ペンタンジオールモノイソブチレート

・発生原因：＊換気不十分

　　　　　　＊安全衛生教育不十分

　　　　　　＊危険有害性の認識不足

SDS 情報の活用のポイント

　本事例は水性塗料を塗布、乾燥後、閉め切った場所で換気が悪い状態で作業したことから、中毒になった事例である。SDS2 項「危険有害性の要約」には、健康に対する有害性としての記載はない。しかし、SDS の 8 項「ばく露防止及び保護措置」に『取り扱いの場所の近くに、洗眼及び身体洗浄剤のための設備を設ける。高温下や、ミストが発生する場合は換気装置を使用する。必要に応じて保護マスクや呼吸用保護具を着用する。手に接触するおそれがある場合、保護手袋を着用する。眼に入るおそれがある場合、保護めがねやゴーグルを着用する。』などが記載されている。水性塗料は揮発性の高い溶剤がほとんど含まれていないので、健康有害性も一般的に強くない。しかし、換気の悪い場所に充満した場合、中毒になるおそれがあり、常に換気のよい場所で取り扱わなければならない。どのような状況においても、異常を感じたときは、直ちに医師の診断を受けるべきである。普段からよく取り扱っているものでも高濃度にばく露されることがないよう、十分な注意が必要である。

2．危険有害性の要約
　　GHS 分類
　　　物理化学的危険性　　　　　　　　　　－
　　　健康に対する有害性　　　　　　　　　－
　　　分類実施日
　　　（環境有害性）　　　　　　　　H29 年度　分類実施中
　　　絵表示　　　　　　　　　　　　　　　－
　　　注意喚起語　　　　　　　　　　　　　－
　　　危険有害性情報　　　　　　　　　　　－
　　　注意書き
　　　　安全対策　　　　　　　　　　　　　－
　　　　応急措置　　　　　　　　　　　　　－

> **ステップ 1**
> 絵表示を見ておよそのような危険有害性があるか把握しよう。
> ただし、絵表示、注意喚起語がない場合でも、まったく無害とは限らない。

> **ステップ 2**
> 危険有害性の記載等がない場合でも、取扱い及び保管上の注意を読んで確認しよう。換気の悪い場所では弱い毒性であっても、症状が出ることもある。

7．取扱い及び保管上の注意
　　取扱い
　　　技術的対策　　　　　　　　　　「8. ばく露防止及び保護措置」に記載の措置を行い、
　　　　　　　　　　　　　　　　　　必要に応じて保護具を着用する。
　　　安全取扱い注意事項　　　　　　取扱い後はよく手を洗うこと。
　　　　　　　　　　　　　　　　　　熱、火花、裸火、高温のもののような着火源から遠ざけること。
　　　　　　　　　　　　　　　　　　－禁煙。
　　　接触回避　　　　　　　　　　　「10. 安全性及び反応性」を参照。
　　　衛生対策　　　　　　　　　　　この製品を使用する時に、飲食又は喫煙しないこと。
　　　　　　　　　　　　　　　　　　取扱い後はよく手を洗うこと。

　　保管
　　　安全な保管条件　　　　　　　　容器を密封し、換気の良い乾燥した冷所に保管する。
　　　安全な容器包装材料　　　　　　消防法で規定されている容器を使用する。

8．ばく露防止及び保護措置
　　管理濃度　　　　　　　　　　　　未設定
　　許容濃度
　　　日本産衛学会（2017 年度版）　　未設定
　　　ACGIH（2017 年版）　　　　　未設定
　　設備対策　　　　　　　　　　　　取り扱いの場所の近くに、洗眼及び身体洗浄剤のための設備を設ける。
　　　　　　　　　　　　　　　　　　高温下や、ミストが発生する場合は換気装置を使用する。

　　保護具
　　　呼吸用保護具　　　　　　　　　必要に応じて保護マスクや呼吸用保護具を着用する
　　　手の保護具　　　　　　　　　　手に接触するおそれがある場合、保護手袋を着用する。
　　　眼の保護具　　　　　　　　　　眼に入るおそれがある場合、保護眼鏡やゴーグルを着用する。
　　　皮膚及び身体の保護具　　　　　必要に応じて保護衣、保護エプロン等を着用する。

第4章

第5章

関係法令等

第5章

労働安全衛生法（抄）

（昭和 47 年 6 月 8 日法律第 57 号）
（改正令和元年 6 月 14 日法律第 37 号）

（目的）

第 1 条　この法律は、労働基準法（昭和 22 年法律第 49 号）と相まって、労働災害の防止のための危害防止基準の確立、責任体制の明確化及び自主的活動の促進の措置を講ずる等その防止に関する総合的計画的な対策を推進することにより職場における労働者の安全と健康を確保するとともに、快適な職場環境の形成を促進することを目的とする。

（定義）

第 2 条　この法律において、次の各号に掲げる用語の意義は、それぞれ当該各号に定めるところによる。

　1　労働災害　労働者の就業に係る建設物、設備、原材料、ガス、蒸気、粉じん等により、又は作業行動その他業務に起因して、労働者が負傷し、疾病にかかり、又は死亡することをいう。

　2　労働者　労働基準法第九条に規定する労働者（同居の親族のみを使用する事業又は事務所に使用される者及び家事使用人を除く。）をいう。

　3　事業者　事業を行う者で、労働者を使用するものをいう。

　3 の 2　化学物質　元素及び化合物をいう。

　4　作業環境測定　作業環境の実態をは握するため空気環境その他の作業環境について行うデザイン、サンプリング及び分析（解析を含む。）をいう。

（事業者等の責務）

第 3 条　事業者は、単にこの法律で定める労働災害の防止のための最低基準を守るだけでなく、快適な職場環境の実現と労働条件の改善を通じて職場における労働者の安全と健康を確保するようにしなければならない。また、事業者は、国が実施する労働災害の防止に関する施策に協力するようにしなければならない。

② 機械、器具その他の設備を設計し、製造し、若しくは輸入する者、原材料を製造し、若しくは輸入する者又は建設物を建設し、若しくは設計する者は、これらの物の設計、製造、輸入又は建設に際して、これらの物が使用されることによる労働災害の発生の防止に資するように努めなければならない。

③　建設工事の注文者等仕事を他人に請け負わせる者は、施工方法、工期等について、安全で衛生的な作業の遂行をそこなうおそれのある条件を附さないように配慮しなければならない。

第4条　労働者は、労働災害を防止するため必要な事項を守るほか、事業者その他の関係者が実施する労働災害の防止に関する措置に協力するように努めなければならない。

（表示等）

第57条　爆発性の物、発火性の物、引火性の物その他の労働者に危険を生ずるおそれのある物若しくはベンゼン、ベンゼンを含有する製剤その他の労働者に健康障害を生ずるおそれのある物で政令で定めるもの又は前条第1項の物を容器に入れ、又は包装して、譲渡し、又は提供する者は、厚生労働省令で定めるところにより、その容器又は包装（容器に入れ、かつ、包装して、譲渡し、又は提供するときにあっては、その容器）に次に掲げるものを表示しなければならない。ただし、その容器又は包装のうち、主として一般消費者の生活の用に供するためのものについては、この限りでない。

1　次に掲げる事項

　イ　名称

　ロ　人体に及ぼす作用

　ハ　貯蔵又は取扱い上の注意

　ニ　イからハまでに掲げるもののほか、厚生労働省令で定める事項

2　当該物を取り扱う労働者に注意を喚起するための標章で厚生労働大臣が定めるもの

②　前項の政令で定める物又は前条第1項の物を前項に規定する方法以外の方法により譲渡し、又は提供する者は、厚生労働省令で定めるところにより、同項各号の事項を記載した文書を、譲渡し、又は提供する相手方に交付しなければならない。

「労働安全衛生法第57条第1項第2号の規定に基づき厚生労働大臣が定める標章」（平成18年10月20日付け厚生労働省告示第619号、改正令和元年6月28日付け厚生労働省告示第48号）

第5章

労働安全衛生法（以下「法」という。）第57条第1項第2号の厚生労働大臣が定める標章は、日本産業規格Z7253（GHSに基づく化学品の危険有害性情報の伝達方法—ラベル、作業場内の表示及び安全データシート（SDS））に定める絵表示とする。ただし、法第57条第1項の容器又は包装に次に掲げる標札若しくは標識又はラベルが付されている場合にあっては、当該標札若しくは標識又はラベルに示される記号とする。

  1　船舶による危険物の運送基準等を定める告示（昭和54年運輸省告示第549号）第1号様式に掲げる標札又は標識
  2　航空機による爆発物等の輸送基準等を定める告示（昭和58年運輸省告示第572号）第2号様式に掲げるラベル

（文書の交付等）

第57条の2　労働者に危険若しくは健康障害を生ずるおそれのある物で政令で定めるもの又は第56条第1項の物（以下この条及び次条第1項において「通知対象物」という。）を譲渡し、又は提供する者は、文書の交付その他厚生労働省令で定める方法により通知対象物に関する次の事項（前条第2項に規定する者にあっては、同項に規定する事項を除く。）を、譲渡し、又は提供する相手方に通知しなければならない。ただし、主として一般消費者の生活の用に供される製品として通知対象物を譲渡し、又は提供する場合については、この限りでない。

1　名称
2　成分及びその含有量
3　物理的及び化学的性質
4　人体に及ぼす作用
5　貯蔵又は取扱い上の注意
6　流出その他の事故が発生した場合において講ずべき応急の措置
7　前各号に掲げるもののほか、厚生労働省令で定める事項

②　通知対象物を譲渡し、又は提供する者は、前項の規定により通知した事項に変更を行う必要が生じたときは、文書の交付その他厚生労働省令で定める方法により、変更後の同項各号の事項を、速やかに、譲渡し、又は提供した相手方に通知するよう努めなければならない。

③　前二項に定めるもののほか、前二項の通知に関し必要な事項は、厚生労働省令で定める。

（法令等の周知）

第101条　事業者は、この法律及びこれに基づく命令の要旨を常時各作業場の見やすい場所に掲示し、又は備え付けることその他の厚生労働省令で定める方法により、労働者に周知させなければならない。

（略）

④　事業者は、第57条の2第1項又は第2項の規定により通知された事項を、化学物質、化学物質を含有する製剤その他の物で当該通知された事項に係るものを取り扱う各作業場の見やすい場所に常時掲示し、又は備え付けることその他の厚生労働省令で定める方法により、当該物を取り扱う労働者に周知させなければならない。

（罰則）

第119条　次の各号のいずれかに該当する者は、6月以下の懲役又は50万円以下の罰金に処する。

（略）

③　第57条第1項の規定による表示をせず、若しくは虚偽の表示をし、又は同条第2項の規定による文書を交付せず、若しくは虚偽の文書を交付した者

第120条　次の各号のいずれかに該当する者は、50万円以下の罰金に処する。

　1　（略）第101条第1項又は第103条第1項の規定に違反した者

第5章

労働安全衛生法施行令（抄）

（昭和 47 年 8 月 19 日政令第 318 号）
（改正：平成 30 年 6 月 8 日号外政令第 184 号）

（名称等を表示すべき危険物及び有害物）

第 18 条　法第 57 条第 1 項の政令で定める物は、次のとおりとする。

1　別表第 9 に掲げる物（アルミニウム、イットリウム、インジウム、カドミウム、銀、クロム、コバルト、すず、タリウム、タングステン、タンタル、銅、鉛、ニッケル、白金、ハフニウム、フェロバナジウム、マンガン、モリブデン又はロジウムにあっては、粉状のものに限る。）

2　別表第 9 に掲げる物を含有する製剤その他の物で、厚生労働省令で定めるもの

3　別表第 3 第 1 号 1 から 7 までに掲げる物を含有する製剤その他の物（同号 8 に掲げる物を除く。）で、厚生労働省令で定めるもの

（名称等を通知すべき危険物及び有害物）

第 18 条の 2　法第 57 条の 2 第 1 項の政令で定める物は、次のとおりとする。

1　別表第 9 に掲げる物

2　別表第 9 に掲げる物を含有する製剤その他の物で、厚生労働省令で定めるもの

3　別表第 3 第 1 号 1 から 7 までに掲げる物を含有する製剤その他の物（同号 8 に掲げる物を除く。）で、厚生労働省令で定めるもの

労働安全衛生規則（抄）

（昭和 47 年 9 月 30 日労働省令第 32 号）

（改正：令和元年 6 月 28 日厚生労働省令第 32 号）

（危険有害化学物質等に関する危険性又は有害性等の表示等）

第 24 条の 14 化学物質、化学物質を含有する製剤その他の労働者に対する危険又は健康障害を生ずるおそれのある物で厚生労働大臣が定めるもの（令第 18 条各号及び令別表第 3 第 1 号に掲げる物を除く。次項及び第 24 条の 16 において「危険有害化学物質等」という。）を容器に入れ、又は包装して、譲渡し、又は提供する者は、その容器又は包装（容器に入れ、かつ、包装して、譲渡し、又は提供するときにあつては、その容器）に次に掲げるものを表示するように努めなければならない。

1 　次に掲げる事項

　イ　名称

　ロ　人体に及ぼす作用

　ハ　貯蔵又は取扱い上の注意

　ニ　表示をする者の氏名（法人にあつては、その名称）、住所及び電話番号

　ホ　注意喚起語

　ヘ　安定性及び反応性

2 　当該物を取り扱う労働者に注意を喚起するための標章で厚生労働大臣が定めるもの

② 　危険有害化学物質等を前項に規定する方法以外の方法により譲渡し、又は提供する者は、同項各号の事項を記載した文書を、譲渡し、又は提供する相手方に交付するよう努めなければならない。

第 24 条の 15 特定危険有害化学物質等（化学物質、化学物質を含有する製剤その他の労働者に対する危険又は健康障害を生ずるおそれのある物で厚生労働大臣が定めるもの（法第 57 条の 2 第 1 項に規定する通知対象物を除く。）をいう。以下この条及び次条において同じ。）を譲渡し、又は提供する者は、文書の交付又は相手方の事業者が承諾した方法により特定危険有害化学物質等に関する次に掲げる事項（前条第 2 項に規定する者にあつては、同条第 1 項に規定する事項を除く。）を、譲渡し、又は提供する相手方の事業者に通知するよう努めなければならない。

第5章

1 名称

2 成分及びその含有量

3 物理的及び化学的性質

4 人体に及ぼす作用

5 貯蔵又は取扱い上の注意

6 流出その他の事故が発生した場合において講ずべき応急の措置

7 通知を行う者の氏名（法人にあつては、その名称）、住所及び電話番号

8 危険性又は有害性の要約

9 安定性及び反応性

10 適用される法令

11 その他参考となる事項

② 特定危険有害化学物質等を譲渡し、又は提供する者は、前項の規定により通知した事項に変更を行う必要が生じたときは、文書の交付又は相手方の事業者が承諾した方法により、変更後の同項各号の事項を、速やかに、譲渡し、又は提供した相手方の事業者に通知するよう努めなければならない。

> 「労働安全衛生規則第 24 条の 14 第 1 項及び第 24 条の 15 第 1 項の規定に基づき化学物質、化学物質を含有する製剤その他の労働者に対する危険又は健康障害を生ずるおそれのある物で厚生労働大臣が定めるもの」（平成 24 年 3 月 26 日付け厚生労働省告示第 150 号、改正令和元年 6 月 28 日付け厚生労働省告示第 48 号）
>
> 　労働安全衛生規則第 24 条の 14 第 1 項及び第 24 条の 15 第 1 項の化学物質、化学物質を含有する製剤その他の労働者に対する危険又は健康障害を生ずるおそれのある物で厚生労働大臣が定めるものは、日本産業規格 Z 7253（GHS に基づく化学品の危険有害性情報の伝達方法—ラベル、作業場内の表示及び安全データシート（SDS））の附属書 A（A.4 を除く。）の定めにより危険有害性クラス、危険有害性区分及びラベル要素が定められた物理化学的危険性又は健康有害性を有するものとする。

（名称等を表示すべき危険物及び有害物）

第 30 条　令第 18 条第 2 号の厚生労働省令で定める物は、別表第 2 の上欄に掲げる物を含有する製剤その他の物（同欄に掲げる物の含有量が同表の中欄に定める値である物並びに四アルキル鉛を含有する製剤その他の物（加鉛ガソリンに限

る。）及びニトログリセリンを含有する製剤その他の物（98 パーセント以上の不揮発性で水に溶けない鈍感剤で鈍性化した物であって、ニトログリセリンの含有量が 1 パーセント未満のものに限る。）を除く。）とする。ただし、運搬中及び貯蔵中において固体以外の状態にならず、かつ、粉状にならない物（次の各号のいずれかに該当するものを除く。）を除く。

1　危険物（令別表第 1 に掲げる危険物をいう。以下同じ。）

2　危険物以外の可燃性の物等爆発又は火災の原因となるおそれのある物

3　酸化カルシウム、水酸化ナトリウム等を含有する製剤その他の物であって皮膚に対して腐食の危険を生ずるもの

（名称等の表示）

第 32 条　法第 57 条第 1 項の規定による表示は、当該容器又は包装に、同項各号に掲げるもの（以下この条において「表示事項等」という。）を印刷し、又は表示事項等を印刷した票箋を貼り付けて行わなければならない。ただし、当該容器又は包装に表示事項等の全てを印刷し、又は表示事項等の全てを印刷した票箋を貼り付けることが困難なときは、表示事項等のうち同項第 1 号ロからニまで及び同項第 2 号に掲げるものについては、これらを印刷した票箋を容器又は包装に結びつけることにより表示することができる。

第 33 条　法第 57 条第 1 項第 1 号ニの厚生労働省令で定める事項は、次のとおりとする。

1　法第 57 条第 1 項の規定による表示をする者の氏名（法人にあつては、その名称）、住所及び電話番号

2　注意喚起語

3　安定性及び反応性

（文書の交付）

第 34 条　法第 57 条第 2 項の規定による文書は、同条第 1 項に規定する方法以外の方法により譲渡し、又は提供する際に交付しなければならない。ただし、継続的に又は反復して譲渡し、又は提供する場合において、既に当該文書の交付がなされているときは、この限りでない。

第5章

（名称等を通知すべき危険物及び有害物）

第34条の2　令第18条の2第2号の厚生労働省令で定める物は、別表第2の上欄に掲げる物を含有する製剤その他の物（同欄に掲げる物の含有量が同表の下欄に定める値である物及びニトログリセリンを含有する製剤その他の物（98パーセント以上の不揮発性で水に溶けない鈍感剤で鈍性化した物であつて、ニトログリセリンの含有量が0.1パーセント未満のものに限る。）を除く。）とする。

（名称等の通知）

第34条の2の3　法第57条の2第1項及び第2項の厚生労働省令で定める方法は、磁気ディスクの交付、ファクシミリ装置を用いた送信その他の方法であつて、その方法により通知することについて相手方が承諾したものとする。

第34条の2の4　法第57条の2第1項第7号の厚生労働省令で定める事項は、次のとおりとする。

　1　法第57条の2第1項の規定による通知を行う者の氏名（法人にあつては、その名称）、住所及び電話番号

　2　危険性又は有害性の要約

　3　安定性及び反応性

　4　適用される法令

　5　その他参考となる事項

第34条の2の5　法第57条の2第1項の規定による通知は、同項の通知対象物を譲渡し、又は提供する時までに行わなければならない。ただし、継続的に又は反復して譲渡し、又は提供する場合において、既に当該通知が行われているときは、この限りでない。

第34条の2の6　法第57条の2第1項第2号の事項のうち、成分の含有量については、令別表第3第1号1から7までに掲げる物及び令別表第9に掲げる物ごとに重量パーセントを通知しなければならない。この場合における重量パーセントの通知は、10パーセント未満の端数を切り捨てた数値と当該端数を切り上げた数値との範囲をもつて行うことができる。

（法令等の周知の方法）

第98条の2　法第101条第1項の厚生労働省令で定める方法は、第23条第3項各号に掲げる方法とする。

> 第23条第3項　事業者は、委員会の開催の都度、遅滞なく、委員会における議事の概要を次に掲げるいずれかの方法によって労働者に周知させなければならない。
>
> 1　常時各作業場の見やすい場所に掲示し、又は備え付けること。
> 2　書面を労働者に交付すること。
> 3　磁気テープ、磁気ディスクその他これらに準ずる物に記録し、かつ、各作業場に労働者が当該記録の内容を常時確認できる機器を設置すること。

③　法第101条第4項の厚生労働省令で定める方法は、次に掲げる方法とする。

1　通知された事項に係る物を取り扱う各作業場の見やすい場所に常時掲示し、又は備え付けること。
2　書面を、通知された事項に係る物を取り扱う労働者に交付すること。
3　磁気テープ、磁気ディスクその他これらに準ずる物に記録し、かつ、通知された事項に係る物を取り扱う各作業場に当該物を取り扱う労働者が当該記録の内容を常時確認できる機器を設置すること。

第5章

「化学物質等の危険性又は有害性等の表示又は通知等の促進に関する指針」

（平成 24 年 3 月 16 日付け厚生労働省告示第 133 号）
（改正：平成 28 年 4 月 18 日付け厚生労働省告示第 208 号）

（目的）

第1条　この指針は、危険有害化学物質等（労働安全衛生規則（以下「則」という。）第 24 条の 14 第 1 項に規定する危険有害化学物質等をいう。以下同じ。）及び特定危険有害化学物質等（則第 24 条の 15 第 1 項に規定する特定危険有害化学物質等をいう。以下同じ。）の危険性又は有害性等についての表示及び通知に関し必要な事項を定めるとともに、労働者に対する危険又は健康障害を生ずるおそれのある物（危険有害化学物質等並びに労働安全衛生法施行令（昭和 47 年政令第 308 号）第 18 条各号及び同令別表第 3 第 1 号に掲げる物をいう。以下「化学物質等」という。）に関する適切な取扱いを促進し、もって化学物質等による労働災害の防止に資することを目的とする。

（譲渡提供者による表示）

第2条　危険有害化学物質等を容器に入れ、又は包装して、譲渡し、又は提供する者は、当該容器又は包装（容器に入れ、かつ、包装して、譲渡し、又は提供する場合にあっては、その容器。以下この条において同じ。）に、当該危険有害化学物質等に係る次に掲げるものを表示するものとする。ただし、その容器又は包装のうち、主として一般消費者の生活の用に供するためのものについては、この限りでない。

1　次に掲げる事項

　イ　名称

　ロ　人体に及ぼす作用

　ハ　貯蔵又は取扱い上の注意

　ニ　表示をする者の氏名（法人にあっては、その名称）、住所及び電話番号

　ホ　注意喚起語

　ヘ　安定性及び反応性

2　則第 24 条の 14 第 1 項第 2 号の規定に基づき厚生労働大臣が定める標章（平成 24 年厚生労働省告示第 151 号）において定める絵表示

②　前項の規定による表示は、同項の容器又は包装に、同項各号に掲げるもの（以

下「表示事項等」という。）を印刷し、又は表示事項等を印刷した票箋を貼り付けて行わなければならない。ただし、当該容器又は包装に表示事項等の全てを印刷し、又は表示事項等の全てを印刷した票箋を貼り付けることが困難なときは、該表示事項等のうち同項第1号ロからへまで及び同項第2号に掲げるものについては、これらを印刷した票箋を当該容器又は包装に結びつけることにより表示することができる。

③　危険有害化学物質等を第1項に規定する方法以外の方法により譲渡し、又は提供する者は、表示事項等を記載した文書を、譲渡し、又は提供する相手方に交付するものとする。

④　危険有害化学物質等を譲渡し、又は提供した者は、譲渡し、又は提供した後において、当該危険有害化学物質等に係る表示事項等に変更が生じた場合には、当該変更の内容について、譲渡し、又は提供した相手方に、速やかに、通知するものとする。

⑤　前四項の規定にかかわらず、危険有害化学物質等に関し表示事項等の表示について法令に定めがある場合には、当該表示事項等の表示については、その定めによることができる。

（譲渡提供者による通知等）

第3条　特定危険有害化学物質等を譲渡し、又は提供する者は、文書の交付又は相手方の事業者が承諾した方法により当該特定危険有害化学物質等に関する次に掲げる事項（前条第3項に規定する者にあっては、表示事項等を除く。）を、譲渡し、又は提供する相手方に通知するものとする。ただし、主として一般消費者の生活の用に供される製品として特定危険有害化学物質等を譲渡し、又は提供する場合については、この限りではない。

1　名称
2　成分及びその含有量
3　物理的及び化学的性質
4　人体に及ぼす作用
5　貯蔵又は取扱い上の注意
6　流出その他の事故が発生した場合において講ずべき応急の措置
7　通知を行う者の氏名（法人にあっては、その名称）、住所及び電話番号
8　危険性又は有害性の要約

第5章

9　安定性及び反応性

10　適用される法令

11　その他参考となる事項

②　前条第4項の規定は、前項の通知について準用する。

（事業者による表示及び文書の作成等）

第4条　事業者（化学物質等を製造し、又は輸入する事業者及び当該物の譲渡又は提供を受ける相手方の事業者をいう。以下同じ。）は、容器に入れ、又は包装した化学物質等を労働者に取り扱わせるときは、当該容器又は包装（容器に入れ、かつ、包装した化学物質等を労働者に取り扱わせる場合にあっては、当該容器。以下第3項において「容器等」という。）に、表示事項等を表示するものとする。

②　第2条第2項の規定は、前項の表示について準用する。

③　事業者は、前項において準用する第2条第2項の規定による表示をすることにより労働者の化学物質等の取扱いに支障が生じるおそれがある場合又は同項ただし書の規定による表示が困難な場合には、次に掲げる措置を講ずることにより表示することができる。

1　当該容器等に名称を表示し、必要に応じ、第2条第1項第2号の絵表示を併記すること。

2　表示事項等を、当該容器等を取り扱う労働者が容易に知ることができるよう常時作業場の見やすい場所に掲示し、若しくは表示事項等を記載した一覧表を当該作業場に備え置くこと、又は表示事項等を、磁気テープ、磁気ディスクその他これらに準ずる物に記録し、かつ、当該容器等を取り扱う作業場に当該容器等を取り扱う労働者が当該記録の内容を常時確認できる機器を設置すること。

④　事業者は、化学物質等を第1項に規定する方法以外の方法により労働者に取り扱わせるときは、当該化学物質等を専ら貯蔵し、又は取り扱う場所に、表示事項等を掲示するものとする。

⑤　事業者（化学物質等を製造し、又は輸入する事業者に限る。）は、化学物質等を労働者に取り扱わせるときは、当該化学物質等に係る前条第1項各号に掲げる事項を記載した文書を作成するものとする。

⑥　事業者は、第2条第4項（前条第2項において準用する場合を含む。）の規定

により通知を受けたとき、第1項の規定により表示（第2項の規定により準用する第2条第2項ただし書の場合における表示及び第3項の規定により講じる措置を含む。以下この項において同じ。）をし、若しくは第4項の規定により掲示をした場合であって当該表示若しくは掲示に係る表示事項等に変更が生じたとき、又は前項の規定により文書を作成した場合であって当該文書に係る前条第1項各号に掲げる事項に変更が生じたときは、速やかに、当該通知、当該表示事項等の変更又は当該各号に掲げる事項の変更に係る事項について、その書換えを行うものとする。

（安全データシートの掲示等）

第5条　事業者は、化学物質等を労働者に取り扱わせるときは、第3条第1項の規定により通知された事項又は前条第5項の規定により作成された文書に記載された事項（以下この条においてこれらの事項が記載された文書等を「安全データシート」という。）を、常時作業場の見やすい場所に掲示し、又は備え付ける等の方法により労働者に周知するものとする。

②　事業者は、労働安全衛生法（第4項において「法」という。）第28条の2第1項又は第57条の3第1項の調査を実施するに当たっては、安全データシートを活用するものとする。

③　事業者は、化学物質等を取り扱う労働者について当該化学物質等による労働災害を防止するための教育その他の措置を講ずるに当たっては、安全データシートを活用するものとする。

④　法第17条第1項の安全委員会、法第18条第1項の衛生委員会又は法第19条第1項の安全衛生委員会（以下この項において「委員会」という。）を設置する事業者は、当該事業場において取り扱う化学物質等の危険性又は有害性その他の性質等について、事業者、労働者その他の関係者の理解を深めるとともに、化学物質等に関する適切な取扱いを行わせるための方策に関し、委員会に調査審議させ、及び事業者に対し意見を述べさせるものとする。

第5章

毒物及び劇物取締法（抄）

（昭和 25 年 12 月 28 日法律第 303 号）
（改正：平成 30 年 6 月 27 日法律第 66 号）

（目的）

第1条 この法律は、毒物及び劇物について、保健衛生上の見地から必要な取締を行うことを目的とする。

（定義）

第2条 この法律で「毒物」とは、別表第1に掲げる物であって、医薬品及び医薬部外品以外のものをいう。

② この法律で「劇物」とは、別表第2に掲げる物であって、医薬品及び医薬部外品以外のものをいう。

③ この法律で「特定毒物」とは、毒物であって、別表第3に掲げるものをいう。

（毒物又は劇物の表示）

第12条 毒物劇物営業者及び特定毒物研究者は、毒物又は劇物の容器及び被包に、「医薬用外」の文字及び毒物については赤地に白色をもって「毒物」の文字、劇物については白地に赤色をもって「劇物」の文字を表示しなければならない。

② 毒物劇物営業者は、その容器及び被包に、左に掲げる事項を表示しなければ、毒物又は劇物を販売し、又は授与してはならない。

　1　毒物又は劇物の名称

　2　毒物又は劇物の成分及びその含量

　3　厚生労働省令で定める毒物又は劇物については、それぞれ厚生労働省令で定めるその解毒剤の名称

　4　毒物又は劇物の取扱及び使用上特に必要と認めて、厚生労働省令で定める事項

③ 毒物劇物営業者及び特定毒物研究者は、毒物又は劇物を貯蔵し、又は陳列する場所に、「医薬用外」の文字及び毒物については「毒物」、劇物については「劇物」の文字を表示しなければならない。

> 「毒物劇物営業者」（第3条第1項）
> 毒物又は劇物の製造業者、輸入業者又は販売業者
>
> 「特定毒物研究者」（第3条の2第1項）
> 毒物若しくは劇物の製造業者又は学術研究のため特定毒物を製造し、若しくは使用することができる者としてその主たる研究所の所在地の都道府県知事の許可を受けた者

（罰則）

第24条 次の各号のいずれかに該当する者は、3年以下の懲役若しくは200万円以下の罰金に処し、又はこれを併科する。

（略）

② 第12条（第22条第4項及び第5項で準用する場合を含む。）の表示をせず、又は虚偽の表示をした者

（略）

第5章

5.6 毒物及び劇物取締法施行令（抄）

（昭和 30 年 9 月 28 日政令第 261 号）
（改正：平成 30 年 10 月 17 日政令第 291 号）

（荷送人の通知義務）

第 40 条の 6 　毒物又は劇物を車両を使用して、又は鉄道によつて運搬する場合で、当該運搬を他に委託するときは、その荷送人は、運送人に対し、あらかじめ、当該毒物又は劇物の名称、成分及びその含量並びに数量並びに事故の際に講じなければならない応急の措置の内容を記載した書面を交付しなければならない。ただし、厚生労働省令で定める数量以下の毒物又は劇物を運搬する場合は、この限りでない。

② 　前項の荷送人は、同項の規定による書面の交付に代えて、当該運送人の承諾を得て、当該書面に記載すべき事項を電子情報処理組織を使用する方法その他の情報通信の技術を利用する方法であつて厚生労働省令で定めるもの（以下この条において「電磁的方法」という。）により提供することができる。この場合において、当該荷送人は、当該書面を交付したものとみなす。

③ 　第 1 項の荷送人は、前項の規定により同項に規定する事項を提供しようとするときは、厚生労働省令で定めるところにより、あらかじめ、当該運送人に対し、その用いる電磁的方法の種類及び内容を示し、書面又は電磁的方法による承諾を得なければならない。

④ 　前項の規定による承諾を得た荷送人は、当該運送人から書面又は電磁的方法により電磁的方法による提供を受けない旨の申出があつたときは、当該運送人に対し、第 2 項に規定する事項の提供を電磁的方法によつてしてはならない。ただし、当該運送人が再び前項の規定による承諾をした場合は、この限りでない。

（毒物劇物営業者等による情報の提供）

第 40 条の 9 　毒物劇物営業者は、毒物又は劇物を販売し、又は授与するときは、その販売し、又は授与する時までに、譲受人に対し、当該毒物又は劇物の性状及び取扱いに関する情報を提供しなければならない。ただし、当該毒物劇物営業者により、当該譲受人に対し、既に当該毒物又は劇物の性状及び取扱いに関する情報の提供が行われている場合その他厚生労働省令で定める場合は、この限りでない。

② 　毒物劇物営業者は、前項の規定により提供した毒物又は劇物の性状及び取扱い

に関する情報の内容に変更を行う必要が生じたときは、速やかに、当該譲受人に対し、変更後の当該毒物又は劇物の性状及び取扱いに関する情報を提供するよう努めなければならない。

③　前二項の規定は、特定毒物研究者が製造した特定毒物を譲り渡す場合について準用する。

④　前三項に定めるもののほか、毒物劇物営業者又は特定毒物研究者による毒物又は劇物の譲受人に対する情報の提供に関し必要な事項は、厚生労働省令で定める。

第5章

毒物及び劇物取締法施行規則（抄）

（昭和26年1月23日厚生省令第4号）

（改正：平成30年12月19日厚生労働省令第144号）

（取扱及び使用上特に必要な表示事項）

第11条の6 法第12条第2項第4号に規定する毒物又は劇物の取扱及び使用上特に必要な表示事項は、左の通りとする。

1 毒物又は劇物の製造業者又は輸入業者が、その製造し、又は輸入した毒物又は劇物を販売し、又は授与するときは、その氏名及び住所（法人にあつては、その名称及び主たる事務所の所在地）

2 毒物又は劇物の製造業者又は輸入業者が、その製造し、又は輸入した塩化水素又は硫酸を含有する製剤たる劇物（住宅用の洗浄剤で液体状のものに限る。）を販売し、又は授与するときは、次に掲げる事項

　イ 小児の手の届かないところに保管しなければならない旨

　ロ 使用の際、手足や皮膚、特に眼にかからないように注意しなければならない旨

　ハ 眼に入つた場合は、直ちに流水でよく洗い、医師の診断を受けるべき旨

3 毒物及び劇物の製造業者又は輸入業者が、その製造し、又は輸入したジメチル―2・2―ジクロルビニルホスフエイト（別名DDVP）を含有する製剤（衣料用の防虫剤に限る。）を販売し、又は授与するときは次に掲げる事項

　イ 小児の手の届かないところに保管しなければならない旨

　ロ 使用直前に開封し、包装紙等は直ちに処分すべき旨

　ハ 居間等人が常時居住する室内では使用してはならない旨

　ニ 皮膚に触れた場合には、石けんを使つてよく洗うべき旨

4 毒物又は劇物の販売業者が、毒物又は劇物の直接の容器又は直接の被包を開いて、毒物又は劇物を販売し、又は授与するときは、その氏名及び住所（法人にあつては、その名称及び主たる事務所の所在地）並びに毒物劇物取扱責任者の氏名

（毒物劇物営業者等による情報の提供）

第13条の10 令第40条の9第1項ただし書に規定する厚生労働省令で定める場合は、次のとおりとする。

1 1回につき200ミリグラム以下の劇物を販売し、又は授与する場合

　2　令別表第1の上欄に掲げる物を主として生活の用に供する一般消費者に対して販売し、又は授与する場合

第13条の11　令第40条の9第1項及び第2項（同条第3項において準用する場合を含む。）の規定による情報の提供は、次の各号のいずれかに該当する方法により、邦文で行わなければならない。

　1　文書の交付

　2　磁気ディスクの交付その他の方法であって、当該方法により情報を提供することについて譲受人が承諾したもの

第13条の12　令第40条の9第1項（同条第3項において準用する場合を含む。）の規定により提供しなければならない情報の内容は、次のとおりとする。

　1　情報を提供する毒物劇物営業者の氏名及び住所（法人にあっては、その名称及び主たる事務所の所在地）

　2　毒物又は劇物の別

　3　名称並びに成分及びその含量

　4　応急措置

　5　火災時の措置

　6　漏出時の措置

　7　取扱い及び保管上の注意

　8　暴露の防止及び保護のための措置

　9　物理的及び化学的性質

　10　安定性及び反応性

　11　毒性に関する情報

　12　廃棄上の注意

　13　輸送上の注意

第5章

5.8 「毒物及び劇物取締法における毒物又は劇物の容器及び被包への表示等に係る留意事項について（通知）」

（平成 24 年 3 月 26 日付け薬食化発 0326 第 1 号）

　毒物及び劇物取締法（昭和 25 年法律第 303 号。以下「法」という。）における毒物劇物営業者には、法第 12 条、毒物及び劇物取締法施行規則（昭和 26 年厚生省令第 4 号。以下「規則」という。）第 11 条の 5 及び 6 により、毒物又は劇物の容器及び被包への表示（以下「ラベルの表示」という。）が、また、毒物及び劇物取締法施行令（昭和 30 年政令第 261 号。）第 40 条の 9 及び規則第 13 条の 12 により、毒物又は劇物の性状及び取扱いに関する情報の提供（安全データシート（SDS；Safety Data Sheet）の提供）が、それぞれ求められている。

　国際的には、2003 年 7 月に国際連合で、化学品の危険有害性に関して世界共通の分類と表示を行い、正確な情報伝達を実現し、人の健康を確保し、環境を保護することを目的として、「化学品の分類および表示に関する世界調和システム（Globally Harmonized System of Classification and Labelling of Chemicals、略してGHS）」が採択されている。

　日本国内では、GHS に基づく情報提供の規格として、JIS Z 7250「化学物質等安全データシート（MSDS）―内容及び項目の順序」、JIS Z 7251「GHS に基づく化学物質等の表示」及び JIS Z 7252「GHS に基づく化学物質等の分類方法」がそれぞれ定められているが、平成 24 年 3 月 25 日付けで、GHS 対応を進める関係法令や事業者の共通基盤として JIS を位置づけるため、JIS Z 7250 及び JIS Z 7251 を統合するとともに、情報伝達にあたって必要な事項（作業場内の表示、GHS を正しく理解するための教育等）を追加した新たな JIS（JIS Z 7253「GHS に基づく化学品の危険有害性情報の伝達方法―ラベル、作業場内の表示及び安全データシート（SDS）」）が制定され、平成 24 年 3 月 26 日付けで、官報に公示された。

　法と JIS Z 7253 では、その要求項目が一部異なることから、情報提供等においては下記の事項に留意の上、貴管下関係機関及び関係業界に対して、法の要求項目等について十分周知を行う等、法の適切な運用に御配慮願いたい。

　なお、同旨の通知を社団法人日本化学工業協会会長、全国化学工業薬品団体連合会会長、日本製薬団体連合会会長、社団法人日本薬剤師会会長及び社団法人日本化学品輸出入協会会長宛に発出することとしていることを申し添える。

記

1．JIS Z 7253 に準拠した毒物又は劇物のラベルを表示する際の留意事項

　JIS Z 7253 に準拠したラベルの表示については、JIS Z 7253 の「6　ラベルに必要な情報及びその内容の決定手順」にその方法が記載されているが、これに準拠した毒物又は劇物のラベルを表示する際の留意事項は以下のとおりであるので、御配慮願いたい。なお、JIS Z 7253 は、現行の規制要件を超え新たな要件を創出するものではないことを申し添える。

　また、法又は JIS Z 7253 によってラベルへの表示が求められる事項を、別添1に示す。

（1）　JIS Z 7253 によって表示が求められる事項（法の要求項目ではないもの）

　ア．危険有害性を表す絵表示

　　JIS Z 7253 の 6．2．2 及び附属書 A に従い、以下の情報を記載すること。

　・各危険有害性クラス及びその区分に割り当てられた絵表示

　イ．注意喚起語

　　JIS Z 7253 の 6．2．3 及び附属書 A に従い、以下の情報を記載すること。

　・危険有害性の程度を表す「危険」又は「警告」の文言

　ウ．危険有害性情報

　　JIS Z 7253 の 6．2．4、附属書 A 及び B に従い、以下の情報を記載すること。

　・各危険有害性クラス及びその区分に割り当てられた文言

　エ．注意書き

　　JIS Z 7253 の 6．2．5、附属書 A 及び C に従い、以下の情報を記載すること。

　・危険有害性をもつ製品へのばく露、その不適切な貯蔵や取扱いから生じる被害を防止するため、又は最小にするために取るべき奨励措置について規定した文言

（2）　JIS Z 7253 によって表示が求められる事項（法の要求項目であるもの）

　ア．化学品の名称

　　「毒物又は劇物の名称（法第 12 条第 2 項第 1 号）」及び「毒物又は劇物の成分（法第 12 条第 2 項第 2 号）」を満たすとともに、JIS Z 7253 の 6．2．6 に従い、以下の情報を記載すること。

　・製品名

第5章

・混合物の場合、各種法令によって指定されている化学物質に関しては、法令に従った記載

イ．供給者を特定する情報

「情報を提供する毒物劇物営業者の氏名及び住所（法人にあつては、その名称及び主たる事務所の所在地）（規則第11条の6第1号）」を満たすとともに、JIS Z 7253の6．2．7に従い、以下の情報を記載すること。

・化学品の供給者名、住所及び電話番号

(3)　JIS Z 7253によって表示が求められていない事項（法の要求項目であるもの）

ア．「医薬用外毒物」「医薬用外劇物」の表示（法第12条第1項、第3項）

イ．毒物又は劇物の含量（法第12条第2項第2号）

ウ．厚生労働省令で定める毒物及び劇物について、その解毒剤の名称など（規則第11条の5、規則第11条の6第2号から第4号）

2．JIS Z 7253に準拠した毒物又は劇物のSDSを提供する際の留意事項

　JIS Z 7253に準拠したSDSの提供については、JIS Z 7253の「7　SDSの全体構成及びその内容」にその方法が記載されているが、これに準拠した毒物又は劇物のSDSを提供する際の留意事項は以下のとおりであるので、御配慮願いたい。なお、JIS Z 7253は、現行の規制要件を超え新たな要件を創出するものではないことを申し添える。

　また、法又はJIS Z 7253によってSDSへの記載が求められる事項を、別添2に示す。

(1)　JIS Z 7253によって表示が求められる事項（法の要求項目ではないもの）

ア．危険有害性の要約

JIS Z 7253の7．1、7．2及び附属書D．3に従い、以下の情報を記載すること。

・GHS分類及びラベル要素（絵表示又はシンボル、注意喚起語、危険有害性情報及び注意書き）

イ．環境影響情報

JIS Z 7253の7．1、7．2及び附属書D．13に従い、以下の情報を記載すること。

・生態毒性

・残留性・分解性

・生体蓄積性

・土壌中の移動性

・オゾン層への有害性

ウ．適用法令

JIS Z 7253 の 7. 1、7. 2 及び附属書 D. 16 に従い、以下の情報を記載すること。

・SDS の提供が求められる国内法令の名称

エ．その他の情報

JIS Z 7253 の 7. 1、7. 2 及び附属書 D. 17 に従い、以下の情報を記載すること。

・安全上重要であるが、JIS Z 7253 の 7. 1 に定める 15 項目に直接関係しない情報

(2)　JIS Z 7253 によって表示が求められる事項（法の要求項目であるもの）

ア．化学品及び会社情報

「情報を提供する毒物劇物営業者の氏名及び住所（法人にあつては、その名称及び主たる事務所の所在地）（規則第 13 条の 12 第 1 号）」を満たすとともに、JIS Z 7253 の 7. 1、7. 2 及び附属書 D. 2 に従い、以下の情報を記載すること。

・化学品の名称、供給者の会社名称、住所及び電話番号

イ．組成及び成分情報

「名称並びに成分及びその含量（規則第 13 条の 12 第 3 号）」を満たすとともに、JIS Z 7253 の 7. 1、7. 2 及び附属書 D. 4 に従い、以下の情報を記載すること。

・化学名又は一般名

・国内法令によって情報伝達が求められている事項

ウ．応急措置

「応急措置（規則第 13 条の 12 第 4 号）」を満たすとともに、JIS Z 7253 の 7. 1、7. 2 及び附属書 D. 5 に従い、以下の情報を記載すること。

・異なったばく露経路、すなわち吸入した場合、皮膚に付着した場合、眼に入った場合及び飲み込んだ場合に分けて、取るべき応急措置並びに絶対避け

るべき行動

エ．火災時の措置

「火災時の措置（規則第13条の12第5号）」を満たすとともに、JIS Z 7253の7．1、7．2及び附属書D．6に従い、以下の情報を記載すること。

・適切な消火剤並びに使ってはならない消化剤

オ．漏出時の措置

「漏出時の措置（規則第13条の12第6号）」を満たすとともに、JIS Z 7253の7．1、7．2及び附属書D．7に従い、以下の情報を記載すること。

・人体に対する注意事項、保護具及び緊急時措置

・環境に対する注意事項

・封じ込め及び浄化の方法及び機材

カ．取扱い及び保管上の注意

「取扱い及び保管上の注意（規則第13条の12第7号）」を満たすとともに、JIS Z 7253の7．1、7．2及び附属書D．8に従い、以下の情報を記載すること。

・取扱いについて、安全取扱注意事項（接触回避などを含む）

・保管について、安全な保管条件、特に容器包装材料

キ．ばく露防止及び保護措置

「暴露の防止及び保護のための措置（規則第13条の12第8号）」を満たすとともに、JIS Z 7253の7．1、7．2及び附属書D．9に従い、以下の情報を記載すること。

・適切な保護具

ク．物理的及び化学的性質

「物理的及び化学的性質（規則第13条の12第9号）」を満たすとともに、JIS Z 7253の7．1、7．2及び附属書D．10に従い、以下の情報を記載すること。

・外観（物理的状態、形状、色など）

・臭い

・pH

・融点・凝固点

・沸点、初留点及び沸騰範囲

・引火点

・燃焼又は爆発範囲の上限・下限

・蒸気圧

・比重（相対密度）

・溶解度

・n-オクタノール／水分配係数

・自然発火速度

・分解温度

ケ．安定性及び反応性

　「安定性及び反応性（規則第13条の12第10号）」を満たすとともに、JIS Z 7253の7.1、7.2及び附属書D.11に従い、以下の情報を記載すること。

・反応性

・化学的安定性

・危険有害反応可能性

・避けるべき条件（静電放電、衝撃、振動など）

・混触危険物質

・危険有害な分解生成物

コ．有害性情報

　「毒性に関する情報（規則第13条の12第11号）」を満たすとともに、JIS Z 7253の7.1、7.2及び附属書D.12に従い、以下の情報を記載すること。

・急性毒性

・皮膚腐食性及び皮膚刺激性

・眼に対する重篤な損傷性又は眼刺激性

・呼吸器感作性又は皮膚感作性

・生殖細胞変異原性

・発がん性

・生殖毒性

・特定標的臓器毒性、単回ばく露

・特定標的臓器毒性、反復ばく露

・吸引性呼吸器有害性

サ．廃棄上の注意

　「廃棄上の注意（規則第13条の12第12号）」を満たすとともに、JIS Z 7253の7.1、7.2及び附属書D.14に従い、以下の情報を記載すること。

第5章

・残余廃棄物、汚染容器及び包装について、安全で、かつ環境上望ましい廃棄のために推奨する方法

シ．輸送上の注意

　「輸送上の注意（規則第 13 条の 12 第 13 号）」を満たすとともに、JIS Z 7253 の 7.1、7.2 及び附属書 D.15 に従い、以下の情報を記載すること。

・輸送に関する国際規制によるコード及び分類に関する情報
・国内規制がある場合には、その情報

（3）　JIS Z 7253 によって表示が求められていない事項（法の要求項目であるもの）

ア．毒物又は劇物の別（規則第 13 条の 12 第 2 号）

3．その他

（1）　JIS Z 7253 は、日本工業標準調査会のホームページ（https://www.jisc.go.jp/）において検索及び閲覧が可能であること。

（2）　毒物及び劇物取締法関係法令に規定する危険有害性情報の伝達等に関する事項を満たすためには、JIS Z 7253 に準拠した記載に加え、1．（3）及び 2．（3）に示す事項を満たす必要があること。

（別添 1）

毒物及び劇物取締法、JIS Z 7253 によってラベルへの表示が求められる事項

毒物及び劇物取締法	JIS Z 7253
	危険有害性を表す絵表示
	注意喚起語
	危険有害性情報
	注意書き
毒物又は劇物の名称 （法第 12 条第 2 項第 1 号）	化学品の名称
毒物又は劇物の成分（法第 12 条第 2 項第 2 号）	
情報を提供する毒物劇物営業者の氏名及び住所（法人にあっては、その名称及び主たる事務所の所在地）（規則第 11 条の 6 第 1 号）	供給者を特定する情報
「医薬用外毒物」「医薬用外劇物」の表示（法第 12 条第 1 項、第 3 項）	その他国内法令によって表示が求められる事項
毒物又は劇物の含量（法第 12 条第 2 項第 2 号）	
厚生労働省令で定める毒物及び劇物について、その解毒剤の名称など （規則第 11 条の 5、規則第 11 条の 6 第 2 号から第 4 号）	

（別添 2）

毒物及び劇物取締法、JIS Z 7253 によって SDS への記載が求められる事項

毒物及び劇物取締法	JIS Z 7253
情報を提供する毒物劇物営業者の氏名（名称）及び住所（所在地） （規則第 13 条の 12 第 1 号）	化学品及び会社情報
	危険有害性の要約
名称並びに成分及びその含量 （規則第 13 条の 12 第 3 号）	組成及び成分情報
応急措置 （規則第 13 条の 12 第 4 号）	応急措置
火災時の措置 （規則第 13 条の 12 第 5 号）	火災時の措置
漏出時の措置 （規則第 13 条の 12 第 6 号）	漏出時の措置
取扱い及び保管上の注意 （規則第 13 条の 12 第 7 号）	取扱い及び保管上の注意
暴露の防止及び保護のための措置 （規則第 13 条の 12 第 8 号）	ばく露防止及び保護措置
物理的及び化学的性質 （規則第 13 条の 12 第 9 号）	物理的及び化学的性質
安定性及び反応性 （規則第 13 条の 12 第 10 号）	安定性及び反応性
毒性に関する情報 （規則第 13 条の 12 第 11 号）	有害性情報
	環境影響情報
廃棄上の注意（規則第 13 条の 12 第 12 号）	廃棄上の注意
輸送上の注意（規則第 13 条の 12 第 13 号）	輸送上の注意
毒物又は劇物の別（規則第 13 条の 12 第 2 号）	
	適用法令
	その他の情報

第5章

165

第6章

現場で役立つツール

化学物質取扱マニュアル（作業場掲示ポスター）：独立行政法人 労働者健康安全機構

　化学物質を取り扱う時の注意点をポスターにしたものが、下記 URL からダウンロードできる。デフォルトは多数の純物質について掲載されているが、作成手引きも掲載されているので掲載以外の純物質や混合物についても独自に作成できる。
https://www.kanagawas.johas.go.jp/publics/index/62/

例 1-1　アーク溶接　／　例 1-2　酢酸エチル

酢酸エチル取扱いマニュアル

人体への影響

●吸入すると、高濃度では麻酔作用、気道、呼吸器系の障害を生ずることがあり、低濃度でも頭痛、めまいを生ずることがある

●眼に対する刺激性がある

●繰り返し皮膚に触れると、皮膚の脂肪を溶かし、浸透しやすくなる

●管理濃度：200ppm

性質と危険性

●無色、芳香性の透明な液体で水に溶ける

●引火点−4℃の非常に引火性が高い液体である。また、揮発しやすい

●蒸気は空気より重いので、窪みや床付近など低い場所では高濃度となって滞留することがある

●空気と混合すると爆発性の混合ガスができる（爆発範囲:2.2～11.5%）

●単独でも使用されるが、シンナーとして、数種類の有機溶剤と混合物のことも多い

↓

容器などのラベルの表示やMSDSを注意して見ること

取扱い及び保管上の注意

酢酸エチルやシンナーの取扱い作業

●静電気帯電防止措置を講じた作業服、作業靴を着用する

●容器等へ注入するときは接地を行う

●作業を始める前にまず換気装置を稼働する

●当日の作業に必要な量だけを持ち込み、涼しい場所に置く

●容器は使用の都度フタをする。使用後の空容器は、フタをして定められた場所に置く

●有機溶剤等が付着したウエスや紙はフタ付容器に入れ密閉する

●床にこぼした場合は、水で洗い流さないで、乾燥砂や不燃材で吸収して、容器に入れ密閉する

●有機溶剤の周囲では、溶接、研ま、その他、火花のでる作業を行わない（たばこ・火気厳禁）

●酢酸エチルで手を洗ったり、拭いてはいけない

危険性
引火性の高い液体・蒸気

呼吸器系の障害　　　眠気・めまいの恐れ

健康有害性

保護具は必要に応じて使用

●有機ガス用防毒マスクを装着して作業を行う。保護眼鏡はゴーグルを用いる

ゴーグル形保護メガネ　　有機ガス用防毒マスク

●手で取扱う場合には、酢酸エチルが透過しない専用の保護手袋を装着する

●皮膚は露出しないようにし、酢酸エチルが透過しない専用の作業衣又は保護衣を着用する

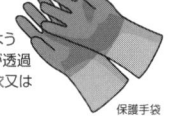

保護手袋

作業主任者・衛生管理者に尋ねること
（　　　　　）（　　　　　　）

応急措置

●吸入して気分が悪くなった場合
直ちに新鮮な空気の場所に移動・休息させ、原則として、医療機関を受診させる

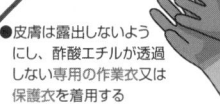

すぐに医療機関に!!

●意識不明・呼吸停止の場合
直ちに119番通報して医療機関を受診させる。呼吸停止の場合は直ちに人工呼吸を行う

●眼に入った場合
まぶたをよく開けて、眼を水道水など流水で15分以上丹念に洗う。痛みが残ったり、見えにくい時は速やかに眼科医を受診させる

●衣服等に付いた場合
汚染された衣服、靴を脱がせ、付着部位を石鹸水、温水でよく洗い、気分が悪い場合には医療機関を受診させる

医療機関には MSDS を持参させること

火災時の対応

●消火には、粉末消火器、炭酸ガス消火器、泡消火器を用いる

●水をかけると、かえって火を広げるので水はかけない

●火災の際、多量の黒煙と有害な一酸化炭素が発生するので注意を要する

●直ちに消防署（119番）に通報する

連絡先

社内の連絡先：			
医療機関の名称：			
☎（	−	−	）
眼科医の名称：			
☎（	−	−	）

独立行政法人 労働者健康福祉機構 **神奈川産業保健推進センター** 電話：045-410-1160　2009年3月作成

第6章

6.2 安全衛生かべしんぶん：中央労働災害防止協会

　化学物質を取り扱うことによって被る被害を防止するためのテーマも取り上げており、下記 URL から入手できる。（発行より 2 年以内まで）

https://www.jisha.or.jp/order/teiki/index.php?mode=detail&goods_cd=14260

例 2-1　「安全衛生かべしんぶん」（30 ／ 10B）改めて確認！　化学物質のラベル表示

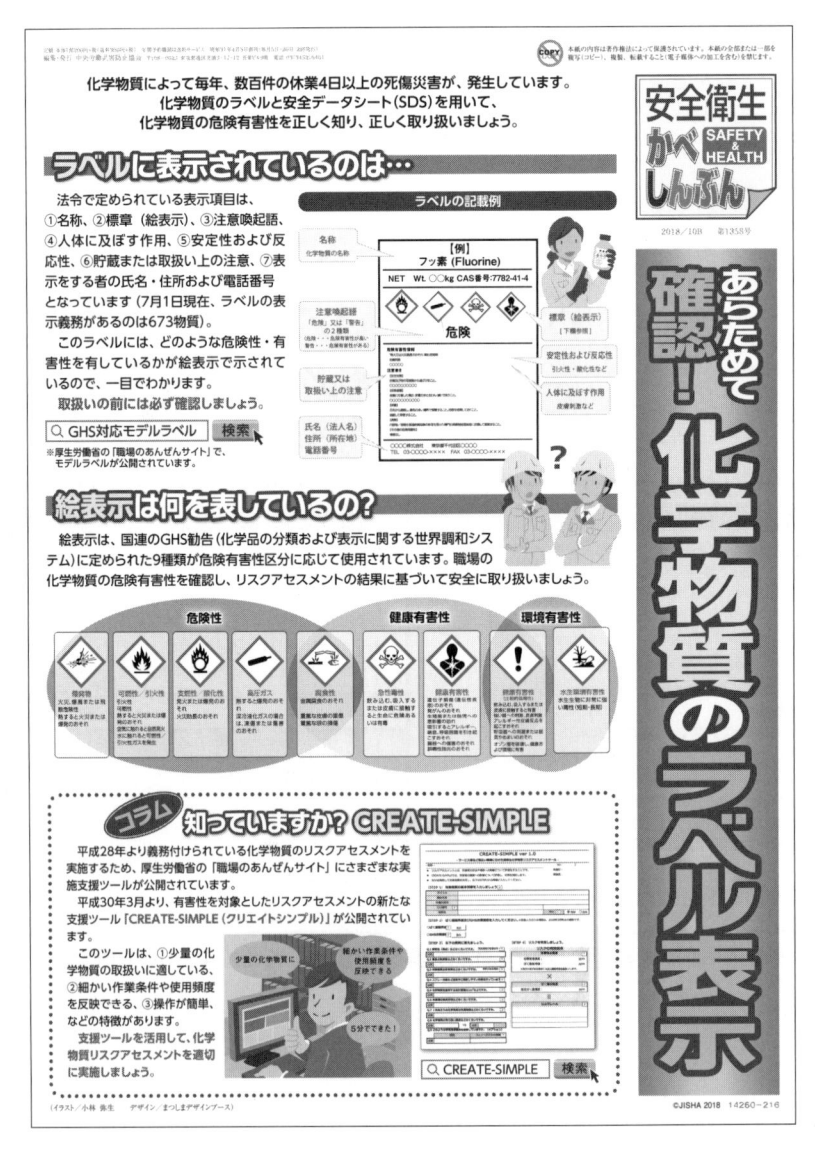

6.3 GHS ラベルの説明：厚生労働省

ＧＨＳラベルの絵表示（ピクトグラム）を説明した携帯カードが、下記からダウンロードできる。

https://www.mhlw.go.jp/file/06-Seisakujouhou-11300000-Roudoukijunkyo-kuanzeneiseibu/0000180975.pdf

例 3-1　ラベル絵表示確認カード

	絵表示	具体的な危険性・有害性	注意事項
危険性		爆発、火災、爆風、飛散危険性	火気厳禁 着火源（火花、裸火、熱、電気スイッチなど）から遠ざける
		可燃性・引火性 自己反応、自己発熱による火災 空気、水により自然発火	周囲の静電気除去 防爆型機器の使用 冷所保管
		自然発火による火災、爆発酸化性物質：火災を助長（支燃性）	着火源（火花、裸火、熱、電気スイッチなど）から遠ざける 可燃物から遠ざける
		高圧ガス：熱すると爆発 深冷液化ガス：噴出ガスに触れると凍傷	冷所保管 日光から遮断する 皮膚、眼につけない 保護衣、保護手袋、保護眼鏡を着用
健康有害性		金属を腐食	指定の耐腐食性容器を使用
		重篤な皮膚の薬傷 眼に重篤な損傷、失明	皮膚、眼につけない 粉じん、ミストを吸入しない 保護衣、保護手袋、保護眼鏡を着用
		飲み込む、吸い込むまたは皮膚につくと生命に危険 有毒（急性毒性）	口に入れない 皮膚につけない 蒸気、ミスト、ガス、粉じんを吸入しない 換気する 防じん・防毒マスク、保護衣、保護手袋を着用
		遺伝子の損傷（遺伝性疾患） 発がん 生殖能または胎児への悪影響 アレルギー、喘息、呼吸困難 各種臓器の障害 誤嚥性肺炎	

ラベル絵表示確認カード（厚生労働省）

第6章

	絵表示	具体的な危険性・有害性	注意事項
健康有害性		飲み込む、吸い込む、皮膚につくと有害 皮膚、眼の刺激 アレルギー性皮膚反応 呼吸器を刺激 眠気やめまい	口に入れない 皮膚、眼につけない 蒸気、ミスト、ガス、粉じんを吸入しない 保護具を着用
環境有害性		オゾン層を破壊	回収またはリサイクルについて 製造者または供給者に問合わせ
		水生生物に非常に強い毒性 （短期・長期）	環境に放出しない

ひと、くらし、みらいのために
厚生労働省
Ministry of Health , Labour and Welfare

ラベル絵表示確認カード
ラベルでアクション！

災害事例：一般財団法人
全国危険物安全協会

危険物についてその性質と災害事例を紹介した動画が、下記からダウンロードできる。

http://www.zenkikyo.or.jp/jirei/index.html

6.5 暮らしの中で危険物を安全に取り扱うために：総務省消防庁

身近な危険物の危険性や火災の際の消火方法などを解説した動画やポスターが、下記からダウンロードできる。

https://www.fdma.go.jp/publication/movie/post-6.html

例5-1　暮らしの中で危険物を安全に取り扱うために　／　例5-2　消火方法

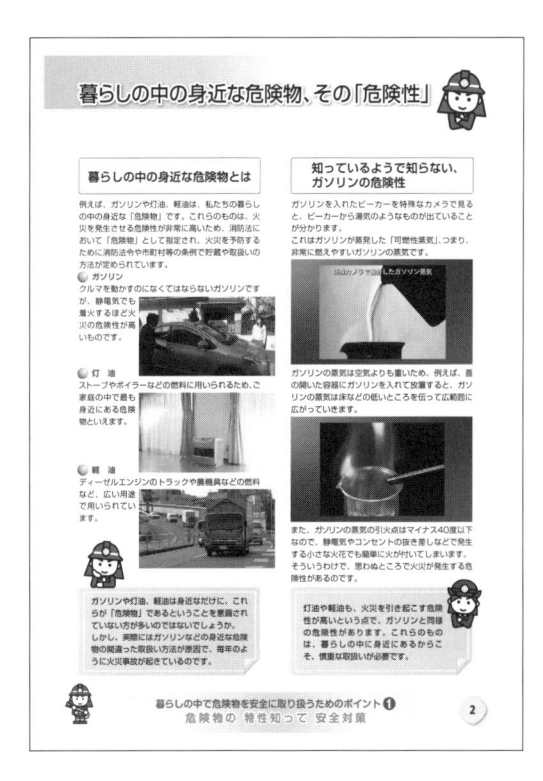

6.6 高圧ガスの事故事例情報シート：神奈川県

高圧ガスの取扱いに関する事故対策事例などが、下記からダウンロードできる。
https://www.pref.kanagawa.jp/docs/a2p/cnt/f5050/p14877.html

新訂　現場に役立つ！
ラベル・SDS の読み方・活かし方

令和元年 9 月11日　第 1 版第 1 刷発行

編　　　者	中央労働災害防止協会
発 行 者	三 田 村 憲 明
発 行 所	中央労働災害防止協会
	〒 108-0023
	東京都港区芝浦 3-17-12
	吾妻ビル 9 階
	電話　販売　03（3452）6401
	編集　03（3452）6209
表紙デザイン	デザイン・コンドウ
イ ラ ス ト	ミヤチヒデタカ
印刷・製本	新日本印刷株式会社

乱丁・落丁本はお取り替えいたします。　　　　　　ⓒ JISHA 2019
ISBN978-4-8059-1884-5　C3060
中災防ホームページ　https://www.jisha.or.jp/